我国移动源大气污染物排放标准制订方法及主要标准解析

谷雪景 纪亮 王军方 田苗 马帅 等 著

中国环境出版集团·北京

图书在版编目（CIP）数据

我国移动源大气污染物排放标准制订方法及主要标准
解析 / 谷雪景等著. -- 北京 ： 中国环境出版集团,
2024. 11. -- ISBN 978-7-5111-5959-5

Ⅰ. X51

中国国家版本馆CIP数据核字第2024DE1757号

策划编辑　张维平
责任编辑　宾银平
封面设计　岳　帅

出版发行　中国环境出版集团
　　　　　（100062　北京市东城区广渠门内大街 16 号）
　　　　　网　　址：http://www.cesp.com.cn
　　　　　电子邮箱：bjgl@cesp.com.cn
　　　　　联系电话：010-67112765（编辑管理部）
　　　　　发行热线：010-67125803，010-67113405（传真）
印　　刷　北京中科印刷有限公司
经　　销　各地新华书店
版　　次　2024 年 11 月第 1 版
印　　次　2024 年 11 月第 1 次印刷
开　　本　787×1092　1/16
印　　张　7
字　　数　134 千字
定　　价　40.00 元

中国环境出版集团郑重承诺：
中国环境出版集团合作的印刷单位、材料单位均具有中国环境标志产品认证。

《我国移动源大气污染物排放标准制订方法及主要标准解析》
写作小组

组　长：尹　航　王军方

成　员：谷雪景　纪　亮　田　苗　马　帅　李　刚

　　　　郝春晓　解淑霞　何卓识　窦广玉　姜　艳

　　　　谢　琼　彭　颀　赵　莹　王　晟

前　言

党的二十大报告提出，推动绿色发展，促进人与自然和谐共生，要牢固树立和践行"绿水青山就是金山银山"的理念，站在人与自然和谐共生的高度谋划发展。这是我国进入全面建设社会主义现代化国家、实现第二个百年奋斗目标的新发展阶段提出的新要求，充分彰显了以习近平同志为核心的党中央对生态文明建设的高度重视，也是习近平生态文明思想的重要体现。党的十八大以来，通过先后制定实施《大气污染防治行动计划》《打赢蓝天保卫战三年行动计划》《关于深入打好污染防治攻坚战的意见》，我国环境空气质量明显改善，人民群众蓝天幸福感、获得感显著增强。

在各地、各部门共同努力下，按照"油路车"统筹治理的基本原则，交通领域减污降碳取得了阶段性成效。一是运输结构调整取得积极进展。2018 年以来铁路货运量实现四连增，由 37 亿 t 增加到 48 亿 t，水路货运量由 67 亿 t 增加到 82 亿 t；公路运输比例由 76.7%降低到 73.9%。二是车辆和油品清洁化水平提高明显。2018 年以来累计淘汰黄标车和老旧车 1 500 余万辆；2021 年，全国国五及以上车辆占比提升到 49%，较 2017 年增加了 27%。自 2019 年 1 月 1 日起，全国全面供应符合国六标准的车用汽/柴油，实现车用柴油、普通柴油、部分船舶用油"三油并轨"，打破了多类柴油并存造成的市场乱象。积极开展打击黑加油专项行动，重点区域柴油质量大幅改善。三是非道路移动源环境管理制度基本建立。有效实施非道路移动机械和船舶排放标准，建立完善环保信息公开、排放控制区以及编码登记等，划定实施船舶排放控制区，补齐了移动源监管的薄弱环节。2021 年年底，全国有超过 260 万台非道路移动机械完成了编码登记。四是移动源科技监管能力明显加强。启动建设全国移动源环境监管平台，建立覆盖接近 90%的汽车环保档案，建设遥感监测（含黑烟抓拍）点位约 3 000 个，联网率 73%左右，全国 13 380 家机动车排放检验机构纳入环保监管。

但是，我国移动源污染防治结构性、根源性和趋势性压力总体尚未得到根本性解决。大宗货物运输仍然以公路为主、国三及以前的老旧车占比仍然很高、实际柴油质量仍然需要大幅提升、新能源货车占比仍然较低、工程机械等非道路移动源清洁和达标能力仍需大幅改善，距离 2035 年美丽中国目标还存在差距。根据《第二次全国污染源普查公报》统计，2017 年移动源 NO_x 和 VOCs 排放量分别占移动源排放总量的 59.6%和 23.5%。各地的 $PM_{2.5}$ 源解析结果也表明，移动源对 $PM_{2.5}$ 的质量浓度贡献率在 10%～50%，已成为北京、上海、深圳、成都等大、中型城市空气污染的主要来源。机动车船大多运行在城区区域人口密集区，排放的污染物直接危害人体健康。同时，交通领域约占我国主要行业领域 CO_2 排放总量的 10%，是全国碳排放控制的重点行业领域。

环境保护标准作为实施环境管理的重要技术依据，在污染防治工作中发挥着重要作用。我国自 1983 年发布第一项汽车排放标准以来，在 40 年的实践中，移动源环保标准和污染防治工作同步发展，在产品覆盖范围、排放控制要求和达标监管制度建设方面不断完善。自 2000 年我国开始实施汽车国一标准，到目前已经全面实施国六标准，标准的逐步升级大幅度提高了污染排放控制要求，新生产汽车的单车污染物排放量较国一时期下降了 90%以上。

为了落实深入打好污染防治攻坚战任务，配合做好移动源污染防治，实现精准治污、科学治污、依法治污，充分发挥移动源大气污染物排放标准的科技支撑作用，我们编写出版本书，内容涉及移动源大气污染物排放标准体系、主要排放标准及标准制订方法，旨在为相关业务人员学习使用和提高业务能力提供便利。

在本书的编写过程中，笔者学习参考了大量研究成果，包括"十五"国家重大科技专项课题"机动车（船）污染控制标准体系研究"、国家重点研发计划"移动源排放标准评估及制修订方法体系研究"等，还包括汽车、摩托车、非道路移动机械、船舶发动机等各类标准制订的研究成果，在此对这些成果的研究者致以诚挚的感谢和敬意！本书编写得到了袁盈、倪红、王青等专家的指导和本单位众多同事的大力支持，出版社的多位同志也为本书的顺利出版付出了辛勤劳动，在此深表感谢。

由于移动源环保标准体系的相关知识专业性强、内容较为复杂，受限于作者的认识水平和能力，书中如有不妥之处，恳请广大读者不吝赐教和指正。

著　者

2024 年 4 月

目　录

第一篇

我国移动源大气污染物排放标准体系的发展[1]

1 我国移动源大气污染物排放标准制订的必要性是什么?

移动源包括汽车、摩托车、三轮汽车、非道路移动机械（工程机械、农业机械、林业机械、机场地勤设备、发电机组等）、船舶、铁路机车、飞机等。通常，也将各类移动源统称为机动车船。以汽车为例，作为国民经济的重要支柱产业之一，20 多年来我国汽车工业取得了迅速发展。根据中国汽车工业协会的统计结果，2022 年全年我国汽车产、销量分别为 2 702.1 万辆和 2 686.4 万辆，同比增长 3.4% 和 2.1%，产销总量连续 14 年稳居全球第一。其中，乘用车产、销量分别为 2 383.6 万辆和 2 356.3 万辆，同比分别增长 11.2% 和 9.5%，乘用车市场连续 8 年超过 2 000 万辆。根据公安部统计，2022 年我国机动车保有量达 4.17 亿辆，其中汽车 3.19 亿辆。

移动源与人民生活息息相关，为人民群众带来便利的同时，也不可避免地带来了环境污染问题。根据第二次全国污染源普查发布的数据，2017 年移动源排放的氮氧化物（NO_x）、挥发性有机物（VOCs）、二氧化硫（SO_2）和颗粒物（PM）4 项大气污染物总计 1 381.1 万 t，占所有污染源排放量的 27%。移动源排放的大量一次污染物还会通过大气化学反应生成光化学烟雾、酸沉降等二次污染物。多年研究结果表明，移动源排放的污染物对环境影响不仅是局部的，许多影响还可以扩展到大气层中很远的距离以及其他地区，并存在很长时间，因此，会形成局部的、区域的、洲际的乃至全球性的有害影响，危及城市大气环境、人类健康及全球生态系统。因此，控制移动源污染物排放，对保护生态环境非常必要。

国内外环境管理实践证明，制订和实施移动源大气污染物排放标准是管控移动源污

1 作者：纪亮、谷雪景。

染排放的有效途径。国家移动源大气污染物排放标准是对全国范围内移动源大气污染物排放控制的基本要求。按照《中华人民共和国大气污染防治法》第五十条的规定，省、自治区、直辖市人民政府可以在条件具备的地区，提前执行国家机动车大气污染物排放标准中相应阶段排放限值，并报国务院生态环境主管部门备案。

2 我国移动源大气污染物排放标准有哪些发展阶段？

制定并实施污染物排放标准是开展移动源污染防治工作的基础，对推动移动源污染防治技术进步具有重要意义。我国自1983年发布第一项汽车排放标准以来，在40多年的实践中，移动源环保标准和污染防治工作同步发展，在产品覆盖范围、排放控制要求和达标监管制度建设方面不断完善。与世界上主要国家发展历程相似，经历了先易后难，先尾气排放控制、后全工况全污染物控制；从控制对象来看，由汽车开始控制逐步扩展到摩托车、三轮汽车和低速货车、非道路移动机械、船舶和内燃机车等各类道路和非道路移动源，建立起较为完善的移动源标准体系。我国移动源大气污染物排放标准有以下三个发展阶段。

1983—1998年为第一阶段，即初步建立道路机动车排放控制标准体系。1983年，我国颁布了第一批以汽车排放管控为主的移动源排放标准，其中包括汽油车怠速法、柴油车自由加速烟度和全负荷烟度等6项标准。20世纪90年代初，我国又先后颁布了涵盖轻型汽车、重型汽油车和摩托车的一系列实施质量控制的污染物排放标准，所控制的污染物范围包括一氧化碳（CO）、碳氢化合物（HC）和NO_x；首次提出工况法控制、全部污染物控制的理念，并且提出了定型样车和批量生产的产品要满足环境保护的要求；对汽油车增加了燃油蒸发和曲轴箱排放的控制标准，基本奠定了我国移动源排放控制的范围和技术路线要求。该阶段通常称为国一前排放标准，机动车排放控制水平相当于发达国家20世纪70年代末水平。

1999—2012年为第二阶段，即移动源排放标准体系完善，优化产业促进技术升级阶段。该阶段我国先后发布23项国家移动源排放标准，标准体系不断健全完善，控制技术水平持续提升，监管制度持续加强。其中，汽车标准从国一升级到国四，摩托车标准从国一升级到国三，三轮汽车、低速货车标准从无到有；2007年和2010年我国分别发布非道路柴油移动机械和非道路移动机械小汽油机2项排放标准，使我国的移动源排放控制范围从原来的道路机动车扩展到非道路移动机械等。还修订发布了在用汽车排放标准，为进一步强化在用车辆管理提供了重要技术依据。同时，我国汽车、摩托车全面进入电喷技术时代，逐步形成以环保型式检验、生产一致性和在用车监督检查为基本框架的全链条移动源排放控制管理制度。

2013 年至今为第三阶段，进入排放标准全面聚焦实际排放，关联环境空气质量精准管控阶段。我国发布了轻型车国六、重型车国六、非道路柴油移动机械国四、船舶发动机、摩托车国四、混合动力汽车、在用车和在用非道路移动机械等重要排放标准。铁路内燃机车、大型汽油移动机械和在用船舶等方面标准已启动，我国移动源排放标准体系将在"十四五"期间基本实现全面覆盖。同时，还制定发布了机动车定期检验、信息传输、远程监控等多项技术规范类标准，进一步规范了车辆在用环节的排放检验管理。该阶段移动源标准呈现出新的特点：一是标准制修订更加注重移动源实际使用中的污染物减排，污染物排放测试由在实验室进行，扩展到在实际道路上进行车载测试；二是重型车国六排放标准提出了发动机和排放数据实时监控并远程传输给监管平台的要求，移动源排放监管中开始应用信息化大数据技术，对解决实际使用过程中排放监管难问题起到至关重要的作用。

3　我国主要移动源大气污染物排放标准的发展历程是怎样的？

我国自 1983 年发布第一项汽车排放标准以来，在 40 多年的实践中，移动源环保标准和污染防治工作同步发展，在产品覆盖范围、排放控制要求和达标监管制度建设方面不断完善。我国主要移动源排放标准的发展历程如图 1-1 所示。

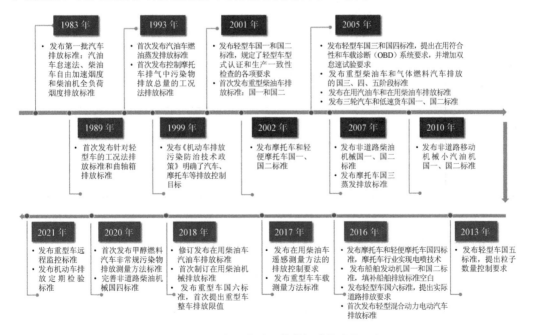

图 1-1　我国主要移动源排放标准的发展历程

4 我国移动源在大气污染物排放标准中是如何进行分类的？

根据产品类型及应用领域，将移动源分为道路移动源和非道路移动源，其中道路移动源主要指在道路上行驶的，以载客和载货为主要功能的车辆，包括汽车、摩托车和三轮汽车，统称为机动车；非道路移动源包括所有道路移动源之外的移动机械、船舶、铁路机车和飞机等。具体如表 1-1 所示。

表 1-1 移动源在排放标准中的分类

类别	名称	含义
道路移动源	轻型汽车	最大设计总质量不超过 3 500 kg 的汽车
	重型汽车	最大设计总质量大于 3 500 kg 的汽车
	摩托车	最大设计车速超过 50 km/h，发动机排量超过 50 mL 的两轮车、边三轮车和正三轮车
	轻便摩托车	最大设计车速不超过 50 km/h，发动机排量不超过 50 mL 的两轮车和三轮车
	三轮汽车	最高设计车速小于等于 50 km/h，具有三个车轮的载货车
非道路移动源	非道路移动机械	指所有不能上路行驶的，以内燃机等为动力的，具有可移动性的机械设备。按照应用领域不同，又细分为工程机械、农业机械、林业机械、机场地勤设备和发电机组等
	船舶	泛指能够在水上移动的交通运输工具。我国的船舶大气污染物排放标准适用于内河船、沿海船、江海直达船、海峡（渡）船和渔业船舶
	铁路机车	牵引或推送铁路车辆运行，而本身不装载营业载荷的自推进车辆，俗称火车头。我国目前正在制定铁路机车排放标准
	飞机	指具有机翼、一台或多台发动机，靠自身动力驱动前进，能在太空或者大气中飞行，且自身的密度大于空气的航空器

5 目前我国移动源大气污染物排放标准包括哪些？

我国移动源大气污染物排放标准历经 40 多年的发展，基本形成了涵盖道路车辆和非道路移动源的排放标准体系。标准控制范围覆盖了汽车、摩托车、三轮汽车、非道路移动机械、船舶、铁路内燃机车（正在制定）等；排放控制要求逐步达到国际先进水平。目前，轻型车和重型车标准的污染物控制水平和控制技术达到国际先进水平，甚至在某些方面实现先进排放控制水平的领跑，非道路移动机械的排放控制要求与国际先进水平的差距大幅缩小。

依据标准定位和作用不同，移动源大气污染物排放标准体系区分为新生产车（含其他移动源，下同）标准（简称新车标准）和在用车（含其他移动源，下同）标准（简称在用车标准）两类。其中新车标准的实施主体是生产企业，在用车标准的实施主体是车主（用户）。我国现行移动源大气污染物排放标准名录、分类及发布时间和实施时间详见书后附件 B。

6 我国移动源大气污染物排放标准从哪些方面控制移动源污染？

移动源大气污染物排放标准基于污染物产生的来源进行排放控制。移动源产生的大气污染物包括排气污染物、蒸发污染物（主要指以汽油为燃料的移动源产生的燃油蒸发排放）和曲轴箱排放物。排气污染物是指发动机排气管排出的废气中由于不完全燃烧而产生的 CO、HC、NO_x、SO_2、PM、甲烷（CH_4）等污染物；蒸发污染物是指燃油蒸气从油箱、燃料供给系统、润滑系统逸出而产生的有害油气，以及车内装饰和表层涂料等产生的溶剂蒸气等；曲轴箱排放物指从曲轴箱通风孔溢出的有机物等有害物质。汽车在行驶过程中，由于地面与轮胎之间的磨蹭及刹车片摩擦造成的表面磨损，也会产生颗粒物污染，但目前尚未在排放标准中提出该方面的控制要求。

除上述来源的污染物外，移动源产生的温室气体排放也逐渐得到重视。在汽车国六标准中已经对二氧化碳（CO_2）、氧化亚氮（N_2O）提出了控制要求。随着国家碳达峰、碳中和目标的提出，在未来的移动源排放标准中将更加突出温室气体和大气污染物的协同控制。

7 和固定源相比，移动源大气污染物排放标准有哪些特点？

移动污染源具有移动、使用场景复杂以及量大面广的特性，决定了移动源控制对策及排放标准需求也较为复杂。在目前排放标准制订和实施方面，也与固定源标准呈现不同的需求和特征。

首先，在管理重点上，世界各国均将源头管控作为重中之重，因此移动源标准首先包括针对产品（如汽车、摩托车、非道路移动机械等）新生产的排放标准体系，通过对生产（含进口）企业的严格要求，将量大面广的移动源控制难题转变为针对有限生产企业的管理模式，实践证明，从源头强化标准要求，确实起到了事半功倍的作用。其次，在使用过程中，与固定源相比产品的使用者或用户非常多，使用阶段排放标准不宜复杂，需要相对简易有效的标准体系。最后，在管理特点上，移动源标准实现对产品从定型到生产再到使用阶段的全过程管理，与固定源标准差别较大。

8 我国移动源大气污染物排放标准实施的进程是怎样的？

我国于 2000 年正式实施汽车国一阶段排放标准，2004 年实施国二阶段排放标准，2008 年实施国三阶段排放标准，2011 年实施国四阶段排放标准，2017 年实施国五阶段排放标准，2020 年实施国六阶段排放标准。全国新生产机动车排放标准实施进度如图 1-2 所示。

与机动车相比，非道路移动机械排放标准相对滞后。非道路移动机械用柴油机于 2008 年正式实施国一阶段排放标准，2010 年实施国二阶段排放标准，2015 年实施国三阶段排放标准。国三阶段及以前基本未安装后处理装置，主要采用发动机机内净化。2020 年 12 月，生态环境部发布《非道路移动机械用柴油机排气污染物排放限值及测量方法（中国第三、四阶段）》（GB 20891—2014）修改单、《非道路柴油移动机械污染物排放控制技术要求》（HJ 1014—2020），要求自 2022 年 12 月 1 日起，开始全面实施国四阶段排放标准。全国新生产非道路移动机械和船舶排放标准实施进度如图 1-3 所示。

9 我国移动源大气污染物排放标准实施的总体效果怎样？

我国移动源标准借鉴了国际做法，并考虑国内有关行业具体发展情况以及环境管理要求而制定，分阶段、分步骤实施，对于削减移动源污染物排放量、促进污染治理技术进步、规范行业健康可持续发展发挥了重要作用，是进行环境管理、实现污染减排的重要抓手。以汽车为例，自 2000 年至今，我国排放标准从国一发展到国六，单车尾气污染物排放已大幅下降，轻型汽车单车尾气 CO 和 HC 排放均已下降 95% 以上；重型汽车单车 NO_x 排放下降 94%，PM 排放下降 97% 以上。与 1999 年相比，2021 年汽车保有量增加到 1999 年的近 20 倍，NO_x 排放量增加了 30%、PM 排放量减少了 80%，如图 1-4 所示。污染物排放标准的升级对我国大气污染物排放总量的控制起到至关重要的作用。

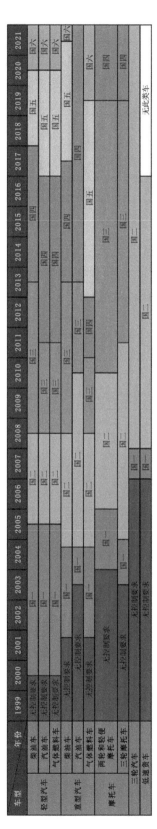

图1-2　全国新生产机动车排放标准实施进度

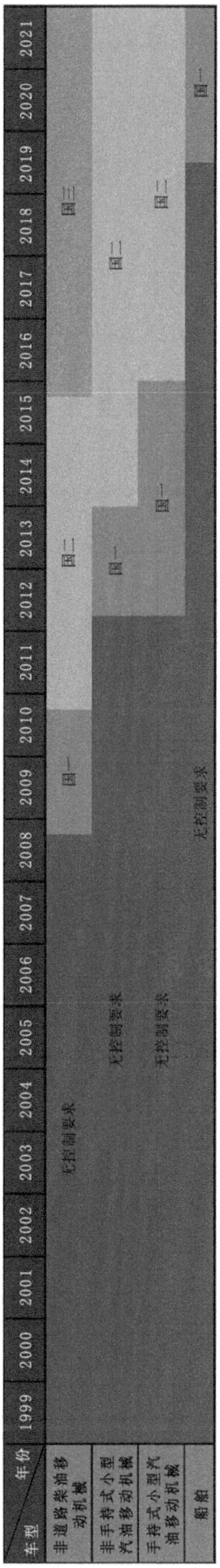

图1-3　全国新生产非道路移动机械和船舶排放标准实施进度

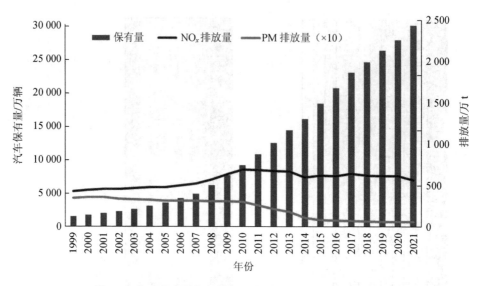

图 1-4　汽车保有量与污染排放量统计（1999—2021 年）

第二篇

国家移动源大气污染物排放标准的制订方法[1]

第一章　总体要求

10　移动源大气污染物排放标准制订的基本原则是什么？

首先，制订移动源大气污染物排放标准应符合《国家大气污染物排放标准制订技术导则》（HJ 945.1）中的基本原则，具体包括：

（1）合法与支撑原则

标准应规范法律允许的排放情形，标准中规定的各项要求应符合国家各项法律、法规的要求，支撑移动源环保信息公开、监督执法等生态环境管理制度的实施。

（2）绿色与引领原则

标准应充分考虑国民经济和社会发展规划、生态环境保护规划、产业发展战略规划与产业政策、准入条件等的目标和要求，推动产品生产和污染防治技术进步，鼓励零排放和近零排放技术，引领产品绿色、低碳发展。

（3）风险防控性原则

制订标准时，应识别和筛选移动源产品使用可能产生的污染物，基于各类污染物的污染防治技术水平、监测方法和监测水平等，对具备条件的污染物明确排放限值和环境管理要求。

---

1 作者：王军方、谷雪景。

（4）客观公正性原则

标准制订应客观真实反映污染物排放状况及污染防治技术水平，在充分吸纳国家有关部门、地方生态环境部门、行业生产企业、相关协会、公众等有关方面意见，参考发达国家同类标准控制水平的基础上，提出排放控制要求，做到客观、公正。

（5）体系协调性原则

标准应与其他相关移动源大气污染物排放标准相衔接，避免交叉重叠。污染物项目和排放限值应与监测分析方法相适用、配套，满足环境监督管理对标准的要求，做到标准体系严密、协调。

（6）合理可行性原则

标准应作为削减污染物排放、改善环境质量和防范环境风险的手段，根据国家经济、技术水平制定，明确达标技术路线，并进行环境效益与经济成本分析，确保标准技术可达、经济可行。

除上述基本原则之外，依据移动源标准本身的特点，还应满足以下原则：

（a）持续减排原则。标准应不断提高污染物排放控制要求，持续降低移动源对环境空气质量和人体健康的影响。

（b）管理支撑原则。标准应重点支撑环境管理的有效实施，满足监督管理过程中的实际需求。

（c）分类控制原则。依据标准定位和作用不同，区分为新车（含其他移动源，下同）标准和在用车（含其他移动源，下同）标准，且各类产品依据产品特性，提出不同的排放控制要求。

新车标准是从源头削减污染排放的重要措施，其实施主体是生产企业，应明确产品从设计定型、批量生产，直到使用阶段等各个环节的排放控制要求。

在用车标准的实施主体是车主（用户），用于筛选高排放污染源，以促使用户对车辆进行正常的使用、维护和保养，保持污染控制装置的正常工作，避免拆除、损坏或私自改装车辆等影响污染物排放的行为。在用车标准制订过程中应考虑与新车标准排放要求的衔接。

11 制订移动源大气污染物排放标准需要开展哪些研究工作？

制订移动源大气污染物排放标准的主要研究工作包括以下内容：

（1）通过环境管理需求分析明确国家对大气污染控制和温室气体控制的总体要求；

（2）结合环境管理需求分析结果，评估现行标准的实施情况，确定制订标准的重点；

（3）进行行业国内外相关情况研究，结合管理需求，确定标准将要发挥的作用和编制标准的技术路线；

（4）研究确定标准的适用范围、排放控制要求、测试方法、实施与监督等主要技术内容；

（5）对标准的主要技术内容进行可行性和效益分析，编写标准文本和编制说明等技术文件。

12 移动源大气污染物排放标准制订的工作流程是什么?

标准的制订应按照《国家生态环境标准制修订工作规则》的要求开展各阶段工作，具体工作流程见图 2-1。

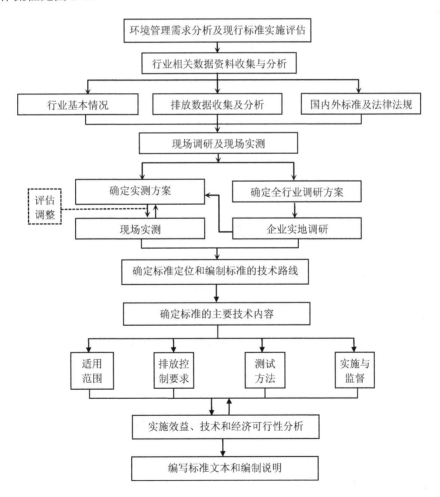

图 2-1 国家移动源大气污染物排放标准制订工作流程

第二章 标准制订必要性研究

13 标准制订的必要性研究包括哪些内容？

开展标准制订的必要性研究包括以下三个方面内容：

（1）分析环境管理总体要求，明确国家对大气污染物及温室气体的排放管理需求；

（2）梳理行业发展趋势，分析行业未来的主要发展方向；

（3）开展现行标准实施情况评估，明确标准制订的重点。

14 如何开展标准制订的必要性研究？

对应标准制订必要性研究的主要内容，开展具体的研究工作。

（1）分析环境管理总体要求

主要通过资料调研，分析生态环境保护法律和法规、国民经济和社会发展规划、生态环境保护规划与污染防治行动计划，环境空气质量达标、总量控制、监督执法等要求，以及温室气体控制要求，明确国家对大气污染物及温室气体的排放管理需求。

（2）分析行业发展趋势

应首先收集相关资料，包括最新的行业发展规划、产业发展战略规划、行业准入条件等政策文件，梳理行业发展方向、对大气污染物排放和温室气体的管理要求等。

（3）评估现行标准实施情况

结合环境管理需求分析结果，对已完成实施评估的大气污染物排放标准，深入分析评估结论，提出标准制订的重点；对尚未开展实施评估的大气污染物排放标准，应分析研究现行标准存在的问题，包括标准的适用范围、排放控制要求、测试方法等，明确标准制订的重点。

第三章 行业情况分析

15 制订新车标准时，行业情况需要分析哪些内容？

制订新车标准时，行业情况需要分析以下三个方面内容：

（1）行业基本情况

分析行业基本情况，应包括但不限于以下内容：行业规模现状，包括产品类型和用途、使用情况及主要用户、保有量、产能和年产量、年总产值（占全国工业年总产值的比例）、企业数量、企业规模等；行业内企业地理分布，企业在各省、区域等分布状况；行业产品市场供应、进出口状况等；产品的燃料使用情况及燃料质量要求等。

（2）污染物排放控制情况

研究污染排放控制情况，应包括但不限于以下内容：通过燃料燃烧的污染物来源分析，了解可能产生的污染物类别；基于移动源相关产品的保有量、活动水平、使用寿命、燃料种类及消耗量，利用排放清单模型测算污染物的排放量，进一步分析排放分担率；分析污染控制技术的发展情况及主要技术的污染控制效果、经济成本。通过研究该部分内容，确定标准中的污染物控制项目和该行业的排放状况、削减潜力。

（3）环境监管情况

分析行业环境监管情况，应包括但不限于以下内容：产品的环境监管制度、实施主体、开展方式，环境监督执法开展情况和总体监管效果。目前针对汽车产品已经建立了相对完善的环境监管措施，并在不断完善中。针对新生产产品，主要采取了型式检验、环保信息公开、新生产产品达标检查、在用符合性检查、产品下线检查等监管方式；针对在用产品，主要采用了在用车环保定期检验、遥感检测、远程监控等方式。

16　制订在用车标准时，行业情况需要分析哪些内容？

制订在用车标准时，行业情况需要分析以下两个方面的内容：

（1）环境监管情况

内容可参照制订新车标准的相关内容。

（2）行业污染现状

分析汽车保有量及在各区域的分布数量、燃料使用情况及质量要求水平、污染物排放量和占比、污染控制技术的发展情况及主要技术的污染控制效果和经济成本等内容。

17　开展行业情况分析的主要方法有哪些？

开展行业情况分析，可采用数据资料收集、现场调研和实际监测等多种方法相结合。

18　如何开展数据资料调研？

开展数据资料调研，可以收集相关法律法规、环保规划、产业政策、行业发展规划、行业准入条件等政策文件；收集相关的排放标准、技术政策、技术规范等标准资料；收集移动源环境管理年报、环境统计年鉴、行业发展年鉴等资料；收集信息公开、监督性检查的有关数据。

19　如何开展现场调研？

开展现场调研可以从以下三个方面进行：

（1）调研行业总体情况

包括但不限于以下内容：企业数量、规模、产量、地理分布、市场供应、进出口情况等。

（2）调研代表性企业

筛选出具有代表性的企业进行现场调研，对已掌握的拟调研企业生产和排放数据资料进行深入分析，确定调研内容；对选定的代表性企业开展深入的现场调研，可以包括但不限于以下内容：产品类型和主要用途、企业年产量、年产值和利润、销售量、出口情况，产品污染排放状况、污染控制技术水平及投资成本、研发投入，现行标准执行中存在的问题、技术发展及排放削减潜力等。

（3）调研检测机构

根据调研实际需要，选择一定数量的检测机构开展现场调研，了解产品污染排放的检测数据情况。

20　在什么情况下需要开展实际监测？

在资料收集和现场调研阶段，收集到的污染排放监测数据应能覆盖行业内的主要产品类型，能够反映行业大气污染物排放现状，具备排放标准制订的必要数据；否则，应选择代表性产品类型开展实际监测。

21　如何开展产品实际监测？

实际监测前，应根据产品类型制订科学合理、具有可操作性的实际监测方案。实际监测方案至少包括产品类型、测试方法、测试工况、控制项目、采样规范、样品分析及数据处理、质量保证与质量控制等内容。实际监测方案应组织专家论证，保证实际监测数据翔实可信，必要时可先开展初步测试，对初步结果开展分析评估并优化实际监测方案。

第四章 国外相关情况分析

22 国外行业情况分析包括哪些内容？

分析行业在美国、欧盟、日本等发达国家和地区，以及发展中国家和地区的基本情况。主要包括产品类型和用途、主要产品的产量和产能、企业的数量和生产规模及地理分布状况、产品市场供应和进出口状况、污染控制技术水平等。

23 国外环境管理制度和法规标准研究包括哪些内容？

国外环境管理制度研究主要包括了解美国、欧盟、日本等发达国家和地区对移动源产品的环境监管制度、实施主体、开展方式、具体要求、未来管理方向等。国外法规标准研究主要包括研究分析国外（包括全球性的以及欧盟、美国、日本等发达国家和地区）相关移动源排放法规的情况，包括移动源排放标准的发展历程、体系现状、升级进程、排放控制水平、未来发展趋势、存在的问题等。

第五章 技术路线的确定

24 制订标准的技术路线应考虑哪些内容？

制订标准的技术路线主要是基于标准在生态环境保护和行业发展中的作用，并考虑污染减排需求、技术发展水平、对产业结构的影响、与国际法规的关系、环境管理需求等方面的内容。

25 如何确定制订标准的技术路线？

通过环境管理需求分析及行业情况调研，确定标准在生态环境保护和行业发展中的作用，依据标准定位和制定目标，综合考虑以下几个方面因素，确定制订标准的技术路线。

（1）降低污染排放

为了促进环境空气质量改善目标实现，降低污染排放，排放标准的制订应切实考虑污染减排的实际需求。结合环境质量改善目标和标准发展规划的要求，综合考虑移动源的保有量、排放量、减排潜力等因素，确定具体排放控制要求。

（2）适应技术发展水平

为了确保排放标准经济和技术可行，应基于污染防治技术确定污染控制要求。调研国内外污染防治技术发展情况，梳理污染防治技术清单及技术原理。通过分析每类污染防治技术相关的监测数据，确定每类技术的减排效率、排放水平、投资成本、运行成本、维护成本（视情况而定）等环境经济技术关键指标与参数，以及其他环境影响、环境效益、经济效益等情况，进行技术水平分级。经过技术经济综合评估，筛选出合理可行的污染防治技术，以该技术所能达到的排放情况确定排放限值。在标准中不限定具体技术，以鼓励技术的创新和发展。此外，还应考虑测试技术的发展水平和测试能力的实际条件。

（3）优化产业结构

当排放标准的实施可以发挥调整产业结构和产品使用类型的功能时，应考虑行业发展总体规划和环境管理要求的综合影响。

（4）协调国际法规

作为全球流通的销售产品，在制订移动源排放标准时，应充分考虑国际贸易便利和《世界贸易组织贸易技术壁垒协议》规则要求，尽量与国际法规协调。研究国外同类标准法规，与美国、欧盟、日本等发达国家和地区的法规进行比较分析；调研和试验验证同类法规在国内的技术应用情况和环境管理问题；结合成本-效益分析、达标率分析，确定具体的排放控制要求。

（5）满足环境管理需求

当环境管理对标准制订提出明确要求时，应首先基于环境管理要求。制订在用车标准时，为了快速识别可能存在的故障车辆和排放缺陷车辆，应运用高效、易操作的检测技术。基于产品制造和销售时所应达到的排放控制水平，同时考虑正常使用和维修保养情况下排放控制系统的正常劣化，确定具体的排放控制要求。

综合考虑以上几个方面的因素，确定污染物削减目标、排放控制项目、受控项目类别、测量方法、标准限值等内容。

第六章 标准主要技术内容的确定

26 如何确定标准的适用范围？

标准适用范围的设置应尽可能覆盖行业内各类产品。适用范围中应清晰界定标准适用的具体产品类型。对同类型产品的污染物排放控制要求，原则上不在不同标准中作出交叉规定。适用范围应明确标准规定的主要技术内容、标准在生态环境管理中的具体应用，必要时应明确标准的不适用情况。

27 引入标准的术语和定义应该注意什么？

应按照在标准文本中出现的先后顺序，给出理解该标准所必需的术语和定义。术语和定义应有准确的来源。尽量采用国家标准、国家生态环境标准或国际标准中的定义。若无可参考的术语和定义，应在充分文献调研和深入论证的基础上确定出科学、准确、简洁的术语和定义。

28 排放控制要求包括什么？

排放控制要求包括排放控制项目、受控项目、标准限值和管理要求。

29 如何确定新车排放控制项目？

制订新车标准时，排放控制要求应覆盖污染产生的所有环节，可按照污染物产生的来源，分别提出排放控制要求。应包括排气管、曲轴箱和蒸发（视燃料特性而定，含供油系统和加油过程污染物，下同）等的污染排放控制要求。在未来的标准中，除上述可能产生污染物的来源之外，还应考虑非燃烧过程可能产生的污染物排放。

为了确保产品在使用过程中能够持续稳定达标，还可从以下方面提出具体要求：污染控制装置耐久性、车载诊断（OBD）系统要求、产品在实际使用中的污染物排放要求等。

30 如何确定在用车排放控制项目？

制订在用车标准时，应突出在用车排放控制快速识别、方法简便易行等特点。通常通过外观检验检查在用车是否异常、污染控制装置的配置情况，规定排气污染物和蒸发排放污染物（视燃料特性而定）的控制要求等。

31 如何确定受控项目？

受控项目应考虑污染物和温室气体两个方面。

受控污染物项目应满足环境空气质量管理需求，结合产品使用中污染物产生情况的分析结果，确定可能产生的污染物类别。移动源控制的污染物通常有 NO_x、HC、CO、PM、颗粒物粒子数量（PN）、烟度等；当燃料类型和污染控制技术发生变化时，还应考虑控制其他有毒有害污染物。

在控制污染物项目的同时，应同时考虑 CO_2 和其他温室气体的排放控制。

受控项目的确定应兼顾监测方法的技术可行性和环境管理目标需求。

32 确定标准限值有哪些基本要求？

确定标准限值应满足以下三个方面的基本要求：

（1）持续减排

新制订标准的污染控制要求通常情况下应比当前的控制要求更严格，实现持续减排的目标要求，满足环境空气质量管理需求。

（2）技术可达

达到标准限值要求，应有稳定的达标技术。

（3）经济成本可行

满足标准限值要求所需增加的经济成本，以及对产品价格带来的影响社会可接受。

33 确定标准限值的具体方法是什么？

制订新车标准时，标准限值的确定应依据标准定位和制定目标，综合考虑技术路线确定过程中的各方面因素，确定受控项目的控制范围，再结合成本效益分析，确定具体的标准限值。

对于污染物排放贡献大、减排潜力较大的移动源，如汽车、非道路移动机械（装配柴油发动机）、船舶等，应重点考虑污染减排需求和污染防治技术应用的因素；对于减排潜力较小、但出口产品较多的摩托车和小型通用机械等移动源，应重点考虑与国外法规标准协调一致。

当考虑 CO_2 的控制时，应结合国家碳达峰、碳中和的目标要求；其他温室气体的控制，应同时考虑环境空气质量、人体健康以及气候变化的要求。

制订在用车标准时，标准限值的确定应重点结合环境管理要求。为了快速识别可能存在的故障车辆和排放缺陷车辆，应运用高效、易操作的检测监测技术。基于产品制造和销售时所应达到的排放控制水平，同时考虑正常使用和维修保养情况下排放控制系统的正常劣化，确定受控项目的控制范围，再结合成本-效益分析，确定具体的标准限值。

34　应该从哪些方面提出管理要求？

新车标准的排放控制要求应涵盖产品定型、生产、使用等各个阶段，管理要求一般应包括型式检验、新生产产品达标检查、监督性抽查和在用符合性检查等环节；在用车标准的排放控制要求应简便易行，满足快速识别的要求。

（1）定型产品的型式检验

结合行业发展情况、技术可行性、环境管理需求等因素，根据排放控制项目确定型式检验的具体考核内容。

（2）批量生产的质量保证

为确保批量生产产品的排放特性与已进行型式检验的样品一致，标准中应明确新生产产品的达标要求：

（a）生产企业确保生产一致性的要求。

（b）生产企业应具备生产一致性保证体系，开展产品自查。标准中应明确企业向主管部门提交自查结果的具体要求。

（c）主管部门可根据需要，对企业实施生产一致性情况进行监督检查。标准中应明确监督性检查的方式、内容、方法、抽样和判定原则等。

（3）在用符合性要求

为确保在正常使用条件下，产品在有效寿命期内的污染排放得到有效控制，标准中应明确在用符合性检查的要求：

（a）生产企业自查。标准中应明确企业向主管部门提交自查结果的具体要求。

（b）主管部门监督性检查。标准中应综合考虑实际在用符合性监督检查的可操作性，明确监督检查的方式、内容、方法、样车选择的原则、抽样数量和能够判定不合格产品责任主体的原则等。

（4）监测数据的要求

为了适应数据信息化管理的需要，标准应从监测数据的采集、存储、传输等方面提出具体技术要求。

35　新车标准的测试方法应该满足哪些要求？

新车标准的测试方法应根据排放控制项目、受控项目、排放限值、管理要求等来确定，并进行实验室验证。具备条件时，还应进行实际行驶（使用）验证。测试方法的确定，应尽量满足以下要求：

（1）能较精确地反映产品的排放水平，尽可能细化和明确测试条件，且检测结果的精确度高、重复性好；

（2）应尽可能代表产品正常使用过程中的全部工况；

（3）实验条件应覆盖全部使用条件，考虑高海拔、低温和高温环境对污染控制系统工作效率及蒸发等情况的影响；

（4）为了便于监管，在未来标准中，对新生产产品的达标监管应突出实际道路或实际使用条件下的测试方法，并进行相应的试验验证。

36　在用车标准的测试方法应该满足哪些要求？

在用车标准的测试方法应根据排放控制项目、受控项目、排放限值、管理要求等来确定，并进行实验室验证。具备条件时，还应进行实际行驶（使用）验证。测试方法的确定，应尽量满足以下要求：

（1）应能满足管理部门对在用车监管的目标要求；

（2）可操作性强，能快速判断车辆是否正确维护保养，筛查出明显超标的高污染源；

（3）简易可行，满足路检路查或停放地检查等快速检测要求；

（4）为了便于监管，在未来标准中，对在用车监管可重点考虑在线车载诊断方法。

37　构建测试工况的基本要求是什么？

任何一种测试方法，都是采集一定工况点的污染物排放状况，具体工况的构建应尽可能反映产品的实际运行状况。工况的构建和选择至少应考虑以下因素：不同用途产品的工况组成差异性；实际运行时的负载情况；实际运行时的道路（工作）条件；环境条件（温度、海拔等）的差异性；测量设备的适用性等。

工况构建时，还应考虑大气污染物和温室气体协同控制。

38 构建测试工况的具体方法是什么？

构建测试工况的具体方法如下：

（1）基于实际运行工况调查结果，综合对比分析原有标准或其他国内外相关标准测试工况，在确保满足我国排放控制需求的前提下，考虑是否保持原有标准的延续性，或是否采纳或部分采纳全球统一测试工况等国际方法。

（2）在工况的构建过程中，基于对实际运行工况的研究，选取不同代表性城市、各类移动源运行道路或场所，实地开展路谱或工况谱采集，对数据进行统计分析，形成代表性工况，包括一般情况、低速低负荷和高速高负荷工况、高海拔、高低环境温度等。也可以通过资料调研的方式开展上述工作。

（3）对代表性工况进行评估。评估的内容应至少包括：工况的行程特点是否充分覆盖实际行驶（使用）特征；工况对污染物实际排放水平、污染控制装置的工作边界范围和可靠性及耐久性、车载诊断系统诊断功能逻辑等问题的影响。

39 验证测试方法包括哪些内容？

测试方法应通过充分的验证，对于直接引用的方法，进行多次重复试验，验证方法的可操作性、重复性和准确度；对于新研究制订的方法，还应进行多种实验条件下的验证和不同方法间的对比验证。

40 测试设备技术要求如何确定？

在对测试设备使用的可行性，以及使用过程中可能存在的技术、管理等方面问题进行充分评估分析的基础上，提出测试设备应满足的具体条件，如设备的精密度、准确度等，同时确保测试设备满足产品质量检验的相关要求。

41 排放标准的实施方式如何确定？

标准的实施方式可以采用全国统一实施；也可根据环境质量改善目标需求及经济、技术水平的差异，分为重点地区、重点城市、全国等先后实施。在未来，还可以考虑更加灵活的实施机制，赋予地方和企业一定的灵活性，提升技术创新的主动性。

42 排放标准的实施时间如何确定？

标准中应有明确的实施时间。针对新生产产品的标准，应明确型式检验和停止不达标产品销售的时间。确定实施时间时应综合考虑国家有关生态环境管理要求、技术升级的难易程度、技术性限制条件、研发时间、对生产和销售周期的影响、行业的经济效益等因素。

第七章　标准实施的可行性分析

43 从哪些方面分析标准实施的可行性？

分析标准实施的可行性包括三个方面：一是技术可行性分析，满足排放标准要求有稳定的达标技术；二是环境效益分析，分析标准实施污染物的削减量、重点区域和特定应用场所空气质量改善预测，以及温室气体的减排效果等；三是经济分析，包括满足排放标准要求需要增加的经济成本、标准实施对行业发展产生的经济效益等。

44 如何分析标准实施的技术可行性？

污染防治技术的可行性分析是确保排放标准有效实施的关键环节，在制订排放控制要求时，应确定标准适用范围内的各类机型的达标技术路线。标准中设置的每一种污染物排放要求均应有对应的达标技术，或即将开发完成的达标技术，最好有能稳定运行的实际应用案例，并在编制说明和研究报告中详细说明。

对污染控制技术的有效性、合理性等方面进行论证，分析排放控制要求在技术上的可行性。

（1）技术有效性：有较好的适应条件（如污染物初始浓度、排气温度等）；对污染物有较好的削减率，能够稳定满足排放限值的要求。

（2）技术合理性：技术投资和维护的经济成本合理，且维护操作简单。

（3）潜在风险（若有）：分析标准实施过程中可能存在的技术风险。

45 制订新车标准时如何进行环境效益分析？

制订新车标准时，开展环境效益分析，应进行行业发展趋势预测。基于产业政策、行业发展规划、环境政策等方面的要求，分析标准实施后未来 5～10 年行业在全国的发展趋势，至少应包括产品产销量、保有量、产品结构、污染防治技术等的变化趋势。接下来，可从以下几个方面分析标准实施的环境效益。

（1）污染物排放削减量

在预测减排效果时，首先应核算新增的排放源执行原标准情况下，其全寿命周期内各污染物的排放量；然后分析新增的排放源若全部达到新标准，其全寿命周期内各污染物的排放量。根据上述计算结果，计算污染物排放削减量及削减比例。

（2）重点区域环境改善效果

视环境管理的需要，对于移动源污染贡献率较高的重点区域，基于未来5～10 年 NO_x、PM 等主要污染物的排放削减量，分析说明新标准实施后对重点区域环境空气质量的改善效果。

（3）特定应用场所、区域空气质量改善效果

对于在特定工作场所、特定区域使用的产品，其排放标准的实施效果预测可以从产品应用场所、区域空气质量改善的角度进行测算分析。

（4）温室气体减排效果

在标准实施效果预测中，还应对温室气体减排效果进行分析。

46 制订在用车标准时环境效益分析应该注意什么？

针对在用车标准实施环境效益的测算，可参考新车标准的相关内容进行，并重点分析新标准实施对在用产品环境管理所带来的便利和效果。

47 如何进行标准实施的经济分析？

标准实施的经济分析从以下三个方面进行：

（1）产品达标的经济成本

基于排放控制要求的达标技术路线，根据每种排放控制技术的调查和分析数据，分析标准升级所增加的经济成本，包括技术投资、检测费用和其他成本三个部分：技术投资包括满足标准要求需要增加的技术研发、关键部件改造等支出；检测费用通常指达到标准排放控制要求所开展的排放检测、检测设备购置等费用；其他成本指由于企业实施标准所增加的其他投入，如新旧产品切换、消化库存等可能增加的成本。标准升级所带来的产品生产成本的增加可能会转化为产品的价格上涨，应测算单位产品的价格增加量

和价格上涨率，以及用户的接受程度。基于行业在全国的发展趋势，分析标准实施后未来 5～10 年，因标准升级所带来的经济成本的增加。

（2）促进产业发展带来的经济效益

对因实施新排放标准，促进行业发展和技术水平提高，以及污染治理技术进步所带来的相关附加产业发展等情况，应分析标准实施的经济效益。

（3）对行业发展的经济影响预测

分析行业生产经营状况和行业发展趋势、行业盈利和亏损情况及原因，基于核算的成本以及取得的效益，分析排放标准实施对行业生产经营和行业发展产生的影响。

第八章　标准文本和编制说明

48　标准文本应该包括哪些内容？

对于同一类产品的同一类控制要求应尽量整合为一个标准。

移动源大气污染物排放标准的结构主要包括封面、目次、前言、适用范围、规范性引用文件、术语和定义、大气污染物排放控制要求、其他控制要求、实施与监督、附录等，标准文本要素组成和编排顺序见表 2-1。

表 2-1　移动源大气污染物排放标准的要素组成和编排顺序

序号	要素名称	要素类型
1	封面	必备要素
2	目次	必备要素
3	前言	必备要素
4	适用范围	必备要素
5	规范性引用文件	必备要素
6	术语和定义	必备要素
7	大气污染物排放控制要求	必备要素
8	其他控制要求	可选要素
9	实施与监督	必备要素
10	附录	可选要素

49　标准的编制说明应该包括哪些内容？

编制说明的主要内容包括项目背景、行业概况、标准制订的必要性分析、行业产排污情况及污染控制技术分析、行业排放有毒有害污染物环境影响分析、标准主要技术内容及确定依据，主要国家、地区及国际组织相关标准研究、标准实施的成本效益分析、标准征求意见、技术审查和行政审查情况等，章节内容可参考生态环境保护标准 HJ 945.1—2018 的附录 A。

50　如何处理征求意见阶段的反馈意见？

对反馈意见的处理意见一般分为采纳、部分采纳、原则采纳和未采纳 4 种。对于合理的意见应尽量采纳，提高意见的采纳比例（包括采纳、部分采纳和原则采纳的情况）；对于未采纳的意见，应给出有理有据的理由；对于超出标准职能范围的反馈意见，应在意见处理的备注栏里注明，可不纳入意见采纳情况的统计范围。

第三篇

重点移动源大气污染物排放标准解析

第一章　新生产轻型车标准[1]

51　哪些车属于轻型车？

轻型车指最大设计总质量不超过 3 500 kg 的汽车。包括 M_1 类、M_2 类和 N_1 类汽车。

M_1 类汽车指包括驾驶员座位在内，座位数不超过 9 座的载客汽车。

M_2 类汽车指包括驾驶员座位在内，座位数超过 9 座，且最大设计总质量不超过 3 500 kg 的载客汽车。

N_1 类汽车指最大设计总质量不超过 3 500 kg 的载货汽车。

52　轻型车排放标准的发展历程是怎样的？

与国外控制机动车排放的进程相似，对于轻型车污染物我国采取的是先易后难，即先实施怠速法，再实施强制装置法，最后实施工况法的控制路线。首先，从控制污染较为严重，但测试方法和使用仪器又是最简单的怠速法起步；其次，针对占汽油车排放总碳氢化合物 45% 的两个污染源——曲轴箱和燃油蒸发，实施强制安装曲轴箱通风装置和燃油蒸发控制装置的标准；最后，制定难度最大，成本最高，但能有效地控制和减少汽车排放污染物总量的工况法标准。

---

1 作者：田苗、彭頔。

（1）国一之前的标准

1983 年我国发布了《汽油车怠速污染物排放标准》（GB 3842—83），开始对新车进行怠速排放测试要求。采用不分光红外线（NDIR）原理的气体分析仪，测试怠速工况下尾气排放的 CO 和 HC 浓度，控制污染物排放浓度较高的怠速排放。该标准适用于所有装用四冲程汽油机的新生产车、进口车及在用车。

1989 年发布《汽车曲轴箱排放物测量方法及限值》（GB 11340—89）。该标准的目的是消除占汽油车 HC 排放总量 15%～25%的曲轴箱排放污染物，规定所有汽油车均须采用闭式曲轴箱通风系统或安装曲轴箱通风装置（PCV）。自 1990 年该标准实施后，所有新生产的车用汽油机都安装了曲轴箱排放回收系统。

1993 年发布《汽油车燃油蒸发污染物排放标准》（GB 14761.3—93）。该标准的目的是控制汽油车燃油供给系统由于温度变化而挥发的有机污染物（主要成分为 HC），这部分汽油蒸气占汽油车 HC 污染物排放总量的 15%～20%。该标准实施后，所有新生产的汽油车都须安装活性炭罐，以保证按照标准规定的期限，满足燃油蒸发污染物排放限值。

1999 年 5 月 28 日，国家环境保护总局、科学技术部和国家机械工业局联合发布《机动车排放污染防治技术政策》，明确规定了机动车排放控制目标，要求轿车的排放控制水平在 2000 年达到欧洲第一阶段水平，在 2004 年前后达到欧洲第二阶段水平，2010 年前后争取与国际排放控制水平接轨。不符合国家标准要求的新定型产品，不得生产、销售、注册和使用。按照这一政策规定的控制目标，国家环境保护主管部门下达了全面制（修）订机动车排放标准的工作计划。机动车排放标准参照欧洲标准体系，排放控制要求更加全面，并更加重视在有效控制和减少汽车排放污染物总量中工况法的重要作用。

（2）国一标准

2001 年，我国轻型汽车的国一标准《轻型汽车污染物排放限值及测量方法（Ⅰ）》（GB 18352.1—2001）发布，该标准的限值和测量方法等效采用欧盟（EU）指令 93/59/EC（欧洲 1 号）的全部技术内容。规定了轻型汽车排放污染物的型式认证和生产一致性检查应进行的各项试验（冷启动后排气污染物排放、曲轴箱气体排放、蒸发排放、污染控制装置耐久性试验）的限值和试验方法要求。Ⅰ型试验排放限值见表 3-1。

表 3-1　型式认证/生产一致性 I 型试验排放限值（国一）

车辆类别	基准质量（RM）/ kg	限值/（g/km）						
		CO		HC+NO$_x$			PM	
		点燃式发动机	压燃式发动机	点燃式发动机	非直喷压燃式发动机	直喷压燃式发动机	非直喷压燃式发动机	直喷压燃式发动机
第一类车	全部	2.72/3.16		0.97/1.13		1.36/1.58	0.14/0.18	0.20/0.25
第二类车	RM≤1 250	2.72/3.16		0.97/1.13		1.36/1.58	0.14/0.18	0.20/0.25
	1 250<RM≤1 700	5.17/6.00		1.40/1.60		1.96/2.24	0.19/0.22	0.27/0.31
	RM>1 700	6.90/8.00		1.70/2.00		2.38/2.80	0.25/0.29	0.35/0.41

（3）国二标准

在国一标准的基础上，2001 年同期发布轻型汽车国二标准《轻型汽车污染物排放限值及测量方法（Ⅱ）》（GB 18352.2—2001），并于 2004 年 7 月 1 日起实施。该标准的限值和测量方法等效采用欧盟指令 96/69/EC（欧洲 2 号）的全部技术内容。该标准与 GB 18352.1—2001（国一）的试验项目要求完全相同。各项试验的测量方法（除Ⅳ型试验外，Ⅳ型试验方法国一要求采用收集法和密闭室法都可以，但国二标准规定只能采用密闭室法。）都没有改变。重点加严了 I 型试验的限值要求，除此之外，其他各项试验的排放限值与国一相同。与国一相比，国二 I 型试验排放限值型式认证和生产一致性检查采用同一排放限值；各类车辆的各种污染物的排放限值比第一阶段都至少加严了 30%；判定排放生产一致性合格与否，由计算所有样车排放测试结果的算术平均值和标准偏差，改为引入统计量的概念，不仅要考虑样车的平均测试结果是否在限值以内，还要考虑各样车排放测试结果的离散度，来评价制造厂的生产一致性。第二阶段 I 型试验排放限值见表 3-2。

表 3-2　I 型试验排放限值（国二）

车辆类型	基准质量（RM）/ kg	限值/（g/km）						
		CO		HC+NO$_x$			PM	
		点燃式发动机	压燃式发动机	点燃式发动机	非直喷压燃式发动机	直喷压燃式发动机	非直喷压燃式发动机	直喷压燃式发动机
第一类车	全部	2.2	1.0	0.5	0.7	0.9	0.08	0.10
第二类车	RM≤1 250	2.2	1.0	0.5	0.7	0.9	0.08	0.10
	1 250<RM≤1 700	4.0	1.25	0.6	1.0	1.3	0.12	0.14
	RM>1 700	5.0	1.5	0.7	1.2	1.6	0.17	0.20

（4）国三和国四标准

2005 年，我国轻型汽车的国三、国四标准《轻型汽车污染物排放限值及测量方法（中国 III、IV 阶段）》（GB 18352.3—2005）发布。该标准的限值和测量方法修改采用欧盟指令 98/69/EC 以及随后截至 2003/76/EC（欧洲 3 号、4 号）的各项修订指令的有关技术内容。与国二标准相比，该标准进一步加严了 I 型试验限值；增加了双怠速试验，规定制造厂在型式核准时要提交车型的双怠速排放测试结果控制范围，并要求生产下线车辆都要进行双怠速试验；针对汽油车，增加了低温下冷启动后排气污染物排放（VI 型试验）；增加车载诊断（OBD）系统要求；增加在用车符合性要求，规定了在用车符合性检查和判定方法。该标准第三阶段自 2007 年 7 月 1 日起实施（OBD 系统试验要求推迟执行）；第四阶段自 2010 年 7 月 1 日起实施。该标准在规定了加严后的我国第三阶段 I 型试验排放限值的同时，也提出了预告性的第四阶段排放限值，详见表 3-3。

表 3-3　I 型试验排放限值（国三和国四）　　　　　　　　单位：g/km

阶段	车辆类型		基准质量（RM）/kg	CO		HC		NO$_x$		HC+NO$_x$		PM
	类别	级别		点燃式	压燃式	点燃式	压燃式	点燃式	压燃式	点燃式	压燃式	压燃式
3	第一类车	—	全部	2.30	0.64	0.20	—	0.15	0.50	—	0.56	0.050
	第二类车	I	RM≤1 305	2.30	0.64	0.20	—	0.15	0.50	—	0.56	0.050
		II	1 305<RM≤1 760	4.17	0.80	0.25	—	0.18	0.65	—	0.72	0.070
		III	1 760<RM	5.22	0.95	0.29	—	0.21	0.78	—	0.86	0.100
4	第一类车	—	全部	1.00	0.50	0.10	—	0.08	0.25	—	0.30	0.025
	第二类车	I	RM≤1 305	1.00	0.50	0.10	—	0.08	0.25	—	0.30	0.025
		II	1 305<RM≤1 760	1.81	0.63	0.13	—	0.10	0.33	—	0.39	0.040
		III	1 760<RM	2.27	0.74	0.16	—	0.11	0.39	—	0.46	0.060

（5）国五标准

2013 年，我国轻型汽车的国五标准《轻型汽车污染物排放限值及测量方法（中国第五阶段）》（GB 18352.5—2013）发布，自 2018 年 1 月 1 日起实施。该标准的限值和测量方法修改采用欧盟（EC）No. 715/2007 法规和欧盟（EC）No. 692/2008 法规，以及联合国欧盟经济委员会 ECE R83-06（2011）法规及其修订法规的有关技术内容。与第四阶段标准相比，该标准明确了轻型混合动力电动汽车应符合该标准要求；I 型试验的排放限值进一步加严，点燃式汽车新增了 PM 和非甲烷碳氢化合物（NMHC）两项排放控制指标，压燃式汽车新增颗粒物的粒子数量（PN）要求；提高了耐久性里程要求，对耐久性里程要求延长了 1 倍；增加了车载诊断（OBD）系统的功能要求。第五阶段Ⅰ型试验排放限值见表 3-4。

表 3-4　Ⅰ型试验排放限值（国五）　　　　　　　　　单位：g/km

类别	级别	基准质量（RM）/kg	限值													
			CO		THC		NMHC		NO$_x$		THC+NO$_x$		PM		PN	
			L$_1$		L$_2$		L$_3$		L$_4$		L$_2$+L$_4$		L$_5$		L$_6$	
			PI	CI	PI	CI	PI	CI	PI	CI	PI	CI	PI$^{(1)}$	CI	PI	CI
第一类车	—	全部	1.00	0.50	0.100	—	0.068	—	0.060	0.180	—	0.230	0.004 5	0.004 5	—	6.0×10^{11}
第二类车	Ⅰ	RM≤1 350	1.00	0.50	0.100	—	0.068	—	0.060	0.180	—	0.230	0.004 5	0.004 5	—	6.0×10^{11}
	Ⅱ	1 305<RM≤1 760	1.81	0.63	0.130	—	0.090	—	0.075	0.235	—	0.295	0.004 5	0.004 5	—	6.0×10^{11}
	Ⅲ	1 760<RM	2.27	0.74	0.160	—	0.108	—	0.082	0.280	—	0.350	0.004 5	0.004 5	—	6.0×10^{11}

注：PI=点燃式，CI=压燃式。

（1）仅适用于装缸内直喷发动机的汽车。

（6）国六标准

2016 年，我国轻型汽车的国六标准《轻型汽车污染物排放限值及测量方法（中国第六阶段）》（GB 18352.6—2016）发布，自 2020 年 7 月 1 日起实施 6a 限值要求，自 2023 年 7 月 1 日起实施 6b 限值要求。轻型车国六标准在技术内容上具有 6 个突破，一是采用全球轻型车统一测试程序，全面加严了测试要求，有效减少了实验室认证排放与实际使用排放的差距，并且为油耗和排放的协调管控奠定基础；二是引入了实际行驶排放（RDE）测试方法，改善了车辆在实际使用状态下的排放控制水平，利于监管，能够有效防止实际排放超标的作弊行为；三是采用燃料中立原则，对柴油车的氮氧化物和汽油车的颗粒物不再设立较松限值；四是全面强化对 VOCs 的排放控制，引入 48 h 蒸发排放试验以及加油过程 VOCs 排放试验，将蒸发排放控制水平提高到 90% 以上；五是完善车辆诊断系统要求，增加永久故障代码存储要求以及防篡改措施，有效防止车辆在使用过程中超标排放；六是简化主管部门进行环保一致性和在用符合性监督检查的规则和判定方法，使操作更具有可实施性。

轻型车排放限值发展历程如图 3-1 所示。

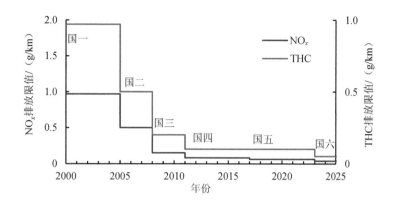

图 3-1　轻型车排放限值发展历程

53　现行轻型车排放标准对前版标准进行了哪些方面的修订？

目前，轻型车大气污染物排放控制执行标准《轻型汽车污染物排放限值及测量方法（中国第六阶段）》（GB 18352.6—2016）。该标准是对《轻型汽车污染物排放限值及测量方法（中国第五阶段）》（GB 18352.5—2013）的修订。与前版标准相比，主要有以下几个方面的不同：

一是测试循环不同。从国五的 NEDC 循环变为 WLTC 循环，工况（速度）曲线瞬态变化明显，最高速度达到 131 km/h，对车辆的冷启动、加减速以及高速大负荷状态下的排放进行了全面考核，覆盖了更大的发动机工作范围，对车辆的排放控制性能提出了更高的要求。

二是测试程序要求不同。试验车辆的质量要求和道路载荷设定直接影响车辆的油耗和排放表现。国六标准用更加严格的测试要求，如提高试验车辆的重量，要求轮胎规格必须与量产车一致等措施，有效避免了汽车企业利用标准漏洞在实验室测试中得到一个漂亮的数据，但是在实际使用中却不尽如人意的行为。

三是限值要求加严。相较国五加严了 40%～50%，另外，与国五阶段汽柴油车采用不同的限值相比，国六标准根据燃料中立原则，对汽柴油车采用了相同的限值要求。

四是相较国五标准新增加了实际道路行驶排放控制要求。第一次将排放测试从实验室转移到了实际道路，要求汽车既要在实验室测试达标，还要在市区、郊区和高速公路上，在车辆正常行驶状态下利用便携式排放测试设备进行尾气测试，结果也要达到标准规定要求，能够有效避免排放作弊行为。

五是加严了蒸发排放控制要求。国五标准采用欧洲标准，由于欧洲的平均气温低，且柴油车占全部车辆的 50% 以上，蒸发问题不明显，因此标准要求低。我国幅员辽阔，温差变化大，汽油车占绝大多数，因此蒸发问题影响突出。据估测，国五标准的汽油车单车年均油气挥发 8.8 kg 左右。因此，国六标准对车辆在停车、行驶以及高温天气下的汽油蒸发排放控制提出了严格要求，同时还要求车辆安装 ORVR 油气在线回收装置，增加了对加油过程的油气控制。

六是增加了排放质保期的要求。即要求在 3 年或 6 万 km 内，如果车辆出现排放相关的故障和损坏，导致排放超标，由汽车生产企业承担相应的维修和更换零部件的所有费用，切实保障了车主的权益。

七是提高了低温试验要求。相较国五的 CO 和 HC 限值加严 1/3，同时增加了对 NO_x 的控制要求，能够有效控制冬天车辆冷启动时的排放。

八是引入了严格的车载诊断（OBD）系统控制要求。全面提升了对车辆排放状态的实时监控能力，能够及时发现车辆排放故障，保证车辆得到及时和有效的维修。

54 现行轻型车排放标准的适用范围是什么？

《轻型汽车污染物排放限值及测量方法（中国第六阶段）》（GB 18352.6—2016）适用于以点燃式发动机或压燃式发动机为动力、最大设计车速大于等于 50 km/h 的轻型汽车（包括混合动力电动汽车）。在生产企业的要求下，最大设计总质量超过 3 500 kg 的 M_1、M_2、N_1 和 N_2 类汽车可按该标准进行型式检验。该标准不适用于已根据 GB 17691 的规定通过第六阶段型式检验的汽车。

标准规定了轻型汽车在常温和低温下排气污染物、实际行驶排放（RDE）排气污染物、曲轴箱污染物、蒸发污染物、加油过程污染物的排放限值及测量方法，污染控制装置耐久性、车载诊断（OBD）系统的技术要求及测量方法。还规定了轻型汽车型式检验的要求和确认，生产一致性和在用符合性的检查与判定方法。

55 现行轻型车排放标准包括哪些试验项目？

不同类型汽车在型式检验时要求进行的试验项目不同，表 3-5 列出了轻型汽车国六排放标准中的型式检验试验项目。

表 3-5　国六标准中的型式检验试验项目

型式检验试验类型	装用点燃式发动机的轻型汽车（包括 HEV）			装用压燃式发动机的轻型汽车（包括 HEV）
	汽油车	两用燃料车	单一气体燃料车	
Ⅰ型-气态污染物	进行	进行	进行	进行
Ⅰ型-颗粒物质量	进行	进行（只试验汽油）	不进行	进行
Ⅰ型-粒子数量	进行	进行（只试验汽油）	不进行	进行
Ⅱ型	进行	进行（只试验汽油）	进行	进行
Ⅲ型	进行	进行（只试验汽油）	进行	进行
Ⅳ型(1)	进行	进行（只试验汽油）	不进行	不进行
Ⅴ型(2)	进行	进行（只试验气体燃料）	进行	进行
Ⅵ型	进行	进行（只试验汽油）	进行	进行
Ⅶ型	进行	进行（只试验汽油）	不进行	不进行
OBD 系统	进行	进行	进行	进行

注：(1) Ⅳ型试验前，还应按标准的要求对炭罐进行检测。
　　(2) 对于使用标准中规定的劣化系数（修正值）通过型式检验的车型，不进行此项试验。
　　Ⅰ型试验：常温下冷启动后排气污染物排放试验。
　　Ⅱ型试验：实际行驶污染物排放试验。
　　Ⅲ型试验：曲轴箱污染物排放试验。
　　Ⅳ型试验：蒸发污染物排放试验。
　　Ⅴ型试验：污染控制装置耐久性试验。
　　Ⅵ型试验：低温下冷启动后排气中 CO、THC 和 NO_x 排放试验。
　　Ⅶ型试验：加油过程污染物排放试验。

56　现行轻型车排放标准的主要控制要求是什么？

《轻型汽车污染物排放限值及测量方法（中国第六阶段）》（GB 18352.6—2016）分为 6a 和 6b 两个控制阶段，经过 6a 阶段的过渡，最终全国统一实施 6b 阶段标准。以下将重点介绍轻型车国六标准对型式检验的控制要求。

（1）Ⅰ型试验（常温下冷启动后排气污染物排放试验）

Ⅰ型试验排放限值见表 3-6 和表 3-7。相较国五排放标准限值，6a 阶段汽油车 CO 限值加严 30%，6a 阶段柴油车 NO_x 加严 67%；6b 阶段汽油车 THC 和 NMHC 限值加严 50%，NO_x 加严 42%；6b 阶段柴油车 THC+NO_x 加严 63%，NO_x 加严 80%。

表 3-6　Ⅰ型试验排放限值（6a 阶段）

车辆类别	测试质量（TM）/kg	限值						
		CO/（mg/km）	THC/（mg/km）	NMHC/（mg/km）	NO_x/（mg/km）	N_2O/（mg/km）	PM/（mg/km）	PN(1)/（个/km）
第一类车	全部	700	100	68	60	20	4.5	6.0×10^{11}

车辆类别	测试质量（TM）/kg	限值						
		CO/(mg/km)	THC/(mg/km)	NMHC/(mg/km)	NO_x/(mg/km)	N_2O/(mg/km)	PM/(mg/km)	$PN^{(1)}$/（个/km）
第二类车 I	TM≤1305	700	100	68	60	20	4.5	$6.0×10^{11}$
第二类车 II	1 305<TM≤1 760	880	130	90	75	25	4.5	$6.0×10^{11}$
第二类车 III	1 760<TM	1 000	160	108	82	30	4.5	$6.0×10^{11}$

注：(1)2020 年 7 月 1 日前，汽油车试用 $6.0×10^{12}$ 个/km 的过渡期限值。

表 3-7　Ⅰ型试验排放限值（6b 阶段）

车辆类别	测试质量（TM）/kg	限值						
		CO/(mg/km)	THC/(mg/km)	NMHC/(mg/km)	NO_x/(mg/km)	N_2O/(mg/km)	PM/(mg/km)	$PN^{(1)}$/（个/km）
第一类车	全部	500	50	35	35	20	3.0	$6.0×10^{11}$
第二类车 I	TM≤1 305	500	50	35	35	20	3.0	$6.0×10^{11}$
第二类车 II	1 305<TM≤1 760	630	65	45	45	25	3.0	$6.0×10^{11}$
第二类车 III	1 760<TM	740	80	55	50	30	3.0	$6.0×10^{11}$

注：(1)2020 年 7 月 1 日前，汽油车试用 $6.0×10^{12}$ 个/km 的过渡期限值。

（2）Ⅱ型试验（实际行驶污染物排放试验）

实际行驶污染物排放试验要求市区行程和总行程污染物排放均应小于Ⅰ型试验排放限值与表 3-8 中规定的符合性因子的乘积，且计算过程中不得进行修约。

表 3-8　符合性因子(1)

发动机类别	NO_x	PN	CO(3)
点燃式	2.1(2)	2.1(2)	—
压燃式	2.1(2)	2.1(2)	—

注：(1)2023 年 7 月 1 日之前，仅用于监测和报告。
(2)暂定值，2022 年 7 月 1 日前确认。
(3)在 RDE 测试中，应测量并记录 CO 试验结果。2022 年 7 月 1 日前确认。

（3）Ⅲ型试验（曲轴箱污染物排放试验）

对于两用燃料车，仅对燃用汽油进行试验，对于混合动力电动汽车，使用纯发动机模式进行试验。

曲轴箱通风系统不允许有任何曲轴箱污染物排入大气，对没有采用曲轴箱强制通风的汽车，Ⅰ型排放试验中，应将曲轴箱污染物引入 CVS 系统，计入排气污染物总量。

（4）Ⅳ型试验（蒸发污染物排放试验）

除单一气体燃料车外，所有点燃式发动机汽车均应进行此项试验。两用燃料车只试验汽油燃料。蒸发排放试验结果采用劣化修正值进行加和校正后的蒸发污染物排放量应小于表 3-9 限值要求。

表 3-9　Ⅳ型试验排放限值

车辆类别		试验质量（TM）/kg	排放限值/（g/试验）
第一类车		全部	0.70
第二类车	Ⅰ	TM≤1 305	0.70
	Ⅱ	1 305＜TM≤1 760	0.90
	Ⅲ	1 760＜TM	1.20

（5）Ⅴ型试验（污染控制装置耐久性试验）

生产企业应确定劣化系数（修正值），也可以使用表 3-10～表 3-12 中规定的推荐值。

表 3-10　Ⅰ型测试的劣化系数

发动机类别	劣化系数						
	CO	THC	NMHC	NO_x	N_2O	PM	PN
点燃式	1.8	1.5	1.5	1.8	1.0	1.0	1.0
压燃式	1.5	1.0	1.0	1.5	1.0	1.0	1.0

表 3-11　Ⅰ型测试的劣化修正值

发动机类别		劣化修正值（mg/km）						
		CO	THC	NMHC	NO_x	N_2O	PM	PN
点燃式	6a	150	30	20	25	0	0	0
	6b	110	16	10	15	0	0	0
压燃式	6a	150	0	0	25	0	0	0
	6b	110	0	0	15	0	0	0

表 3-12　Ⅳ型和Ⅶ型测试的劣化修正值

分类	劣化修正值
Ⅳ型测试	0.06 g/试验
Ⅶ型测试	0.01 g/L

（6）Ⅵ型试验（低温下冷启动后排气中 CO、THC 和 NO$_x$ 排放试验）

试验由Ⅰ型试验的低速段和中速段两部分组成。试验期间不得中止，并在发动机起动时开始取样。每次试验测得的排气污染物排放量，应小于表 3-13 的限值。

表 3-13 Ⅵ型试验排放限值

车辆类别		测试质量（TM）/kg	CO/（g/km）	THC/（g/km）	NO$_x$/（g/km）
第一类车		全部	10.0	1.20	0.25
第二类车	Ⅰ	TM≤1 305	10.0	1.20	0.25
	Ⅱ	1 305＜TM≤1 760	16.0	1.80	0.50
	Ⅲ	1 760＜TM	20.0	2.10	0.80

（7）Ⅶ型试验（加油过程污染物排放试验）

加油过程蒸发排放试验结果应采用Ⅶ型试验劣化系数进行加和校正，校正后的加油过程蒸发污染物排放量不得超过 0.05 g。

（8）车载诊断（OBD）系统要求

当与排放相关的部件或系统出现故障导致排放超过表 3-14 规定的阈值，OBD 系统应指示出故障。

表 3-14 OBD 阈值

		测试质量（TM）/kg	CO/（g/km）	NMHC+NO$_x$/（g/km）	PM/（g/km）
第一类车		全部	1.900	0.260	0.012
第二类车	Ⅰ	TM≤1 305	1.900	0.260	0.012
	Ⅱ	1 305＜TM≤1 760	3.400	0.335	0.012
	Ⅲ	1 760＜TM	4.300	0.390	0.012

57 现行轻型车排放标准从何时开始实施？

《轻型汽车污染物排放限值及测量方法（中国第六阶段）》（GB 18352.6—2016）要求：自 2020 年 7 月 1 日起，所有销售和注册登记的轻型汽车应符合 6a 阶段限值要求；自 2023 年 7 月 1 日起，所有销售和注册登记的轻型汽车应符合 6b 阶段限值要求。

58　和其他国家轻型车标准的排放控制水平对比情况如何？

《轻型汽车污染物排放限值及测量方法（中国第六阶段）》（GB 18352.6—2016）部分修改采用欧盟（EC）No.715/2007 法规《关于轻型乘用车和商用车排放污染物的型式核准以及获取汽车维护修理信息的法规》和欧盟（EC）No.692/2008 法规《对（EC）No.715/2007 法规关于轻型乘用车和商用车排放污染物的型式核准以及获取汽车维护修理信息的执行和修订的法规》、联合国欧盟经济委员会 ECE R83-07 法规《关于根据发动机燃料要求就污染物排放方面批准车辆的统一规定》、联合国欧盟经济委员会《关于世界协调的轻型车测试程序（WLTP）技术法规》（GTR15）及其修订法规的有关技术内容。OBD 要求修改采用了美国相关法规要求。轻型车尾气排放控制要求国内外标准对比如表 3-15 所示。

表 3-15　轻型车尾气排放控制要求国内外标准对比

车辆类别	测试质量（TM）/ kg	标准	限值							
			CO/（g/km）	THC/（g/km）	NMHC/（g/km）	NO$_x$/（g/km）	THC+NO$_x$/（g/km）	N$_2$O/（g/km）	PM/（g/km）	PN/（个/km）
第一类车	全部	国 6a（国 6b）	700（500）	100（50）	68（35）	60（35）	—	20	4.5（3.0）	6.0×10^{11}
		欧 6 PI（欧 6 CI）	1 000（500）	100（—）	68（—）	60（80）	（170）	—	4.5（4.5）	6.0×10^{11}
第二类车	TM≤1 305	国 6a（国 6b）	700（500）	100（50）	68（35）	60（35）	—	20	4.5（3.0）	6.0×10^{11}
		欧 6 PI（欧 6 CI）	1 000（500）	100（—）	68（—）	60（80）	（170）	—	4.5（4.5）	6.0×10^{11}
	1 305＜TM≤1 760	国 6a（国 6b）	880（630）	130（65）	90（45）	75（45）	—	25	4.5（3.0）	6.0×10^{11}
		欧 6 PI（欧 6 CI）	1 810（630）	130（—）	90（—）	75（105）	（195）	—	4.5（4.5）	6.0×10^{11}
	1 760＜TM	国 6a（国 6b）	1 000（740）	160（80）	108（55）	82（50）	—	30	4.5（3.0）	6.0×10^{11}
		欧 6 PI（欧 6 CI）	2 270（740）	160（—）	108（—）	82（125）	（215）	—	4.5（4.5）	6.0×10^{11}

注：PI=点燃式，CI=压燃式。

59 轻型车的排放控制水平有哪些变化？

为满足排放标准的升级，轻型车采用了先进的污染物排放控制技术。基于 2017—2022 年新生产的轻型车环保信息公开数据，分析新生产的轻型车后处理技术的发展变化情况。

（1）轻型汽油车后处理技术

汽油车排气后处理技术主要包括三元催化器（TWC）和汽油机颗粒捕集器（GPF）。三元催化器作为一项成熟的技术，长期以来一直普遍配备在汽油车中。GPF 在新生产轻型车市场渗透率显著提升，2017 年仅有少量轻型车辆被应用，到 2022 年已有 57.05% 的轻型汽油车搭载了这一技术，如图 3-2 所示。

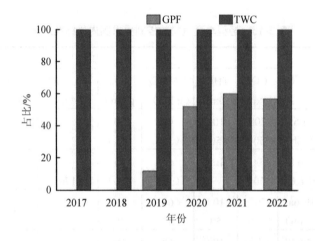

图 3-2　2017—2022 年新生产轻型车 GPF、TWC 搭载率

（2）轻型柴油车后处理技术

柴油车排气后处理技术主要包括废气再循环技术（EGR）、柴油氧化催化（DOC）、柴油颗粒补集器（DPF）及选择性催化还原技术（SCR）。

2017 年以来，新生产柴油轻型车，废气再循环技术基本全面配备。柴油颗粒补集器和选择性催化还原技术分别于 2017 年和 2019 年开始迅速被采用，并在三四年内迅速成为 100% 应用的普及技术。DOC 自 2019 年在新生产轻型车队中开始逐渐减少了技术应用，2022 年，有 40% 左右的轻型柴油车使用 DOC，如图 3-3 所示。

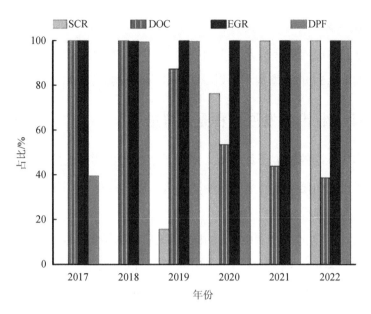

图 3-3　2017—2022 年新生产轻型车 SCR、DOC、DPF、EGR 搭载率

第二章　新生产重型车标准[1]

60　哪些车属于重型车?

重型汽车,即总质量大于 3.5 t 的车辆。但是在汽车行业中,并没有明确的重型汽车的分类。根据中国汽车工业协会对行业产销量的统计情况,主要按照载货汽车、载客汽车和基本型乘用车(轿车)的分类进行,轿车一般不属于重型汽车的类别,对于载货汽车和载客汽车,还可继续分类,具体分类包括:

(1)载货汽车

按照总质量及车长可以分为四类:①重型货车(总质量>12 t);②中型货车(4.5 t<总质量≤12 t,或车长≥6 m);③轻型货车(1.8 t<总质量≤4.5 t,且车长<6 m);④微型货车(总质量≤1.8 t,且车长<3.5 m)。

(2)载客汽车

按照载客人数和车长可分为四类:①大型客车(车长≥6 m,且核定载客人数≥20 人);②中型客车(车长<6 m,且 10 人≤核定载客人数≤19 人);③轻型客车(核定载客人

---

1 作者:马帅,赵莹。

数≤9 人）；④微型客车（车长≤3.5 m）。

根据以上分类情况，总质量大于 3.5 t 的车辆，对应行业分类，应包括重型、中型载货汽车和部分大于 3.5 t 的轻型货车，以及大型、中型载客汽车。

61 重型车排放标准的发展历程是怎样的？

和轻型车排放标准的发展历程相似，对于重型车污染物排放控制我国采取的是先易后难，即先实施自由加速法，再实施强制装置法，最后实施工况法这样的控制路线。

（1）国一之前的标准

1983 年发布《柴油车自由加速烟度排放标准》（GB 3843—83），对柴油车自由加速烟度排放提出控制要求。GB 3843—83 采用滤纸式烟度计测试自由加速工况下尾气中的黑烟，控制柴油车冒黑烟较为严重的自由加速工况的烟度。该标准适用于所有装用柴油机的新生产车、进口车及在用车，排放限值见表 3-16。1993 年对该标准进行修订，发布《柴油车自由加速烟度排放标准》（GB 14761.6—93），修订后的标准限值如表 3-17 所示。

表 3-16　GB 3843—83 排放限值

项目	类别	限值，波许单位
烟度	新生产车、进口车	≤Rb 5.0
	在用车	≤Rb 6.0

表 3-17　GB 14761.6—93 排放限值

车别	烟度值/FSN
1995 年 7 月 1 日以前的定型汽车	4.0
1995 年 7 月 1 日以前的新生产汽车	4.5
1995 年 7 月 1 日以前生产的在用汽车	5.0[1]
1995 年 7 月 1 日起的定型汽车	3.5
1995 年 7 月 1 日起的新生产汽车	4.0
1995 年 7 月 1 日起生产的在用汽车	4.5[1]

注：[1] 经国家环境保护局认可的汽车烟度监测人员，可采用目测法测量，烟度值不得超过林格曼 2 级。

1983 年还发布《汽车柴油机全负荷烟度排放标准》（GB 3844—83），对柴油车全负荷工况的烟度排放加以控制。GB 3844—83 采用滤纸式烟度计测试柴油机在全负荷工况尾气中的黑烟，控制柴油机大负荷工况下的烟度。该标准适用于汽车用各种柴油机，包括四冲程、二冲程、水冷、风冷、增压和非增压柴油机，排放限值见表 3-18。1993 年对该标准进行修订，发布《汽车柴油机全负荷烟度排放标准》（GB 14761.7—93）。此次修订对标准内容基本未作调整，仅取消了对进口汽车柴油机的限值要求（实际是纳入现规定的车别中），规定限值见表 3-19。

表 3-18　GB 3844—83 排放限值

项目	类别	限值，波许单位
烟度	新型柴油机、进口汽车柴油机	≤Rb 4.0
	现生产柴油机	≤Rb 4.5

表 3-19　GB 14761.7—93 排放限值

车别	烟度值/FSN
定型柴油机	4.0
新生产柴油机	4.5

（2）国一和国二标准

2001 年，我国发布重型柴油车第一和第二阶段标准《车用压燃式发动机排气污染物排放限值及测量方法》（GB 17691—2001），是我国首次发布重型柴油车工况法排放标准。该标准的限值和测量方法等效采用欧洲 91/542/EEC 指令和 ECE R49/02 法规（欧洲 1 号和欧洲 2 号）的技术内容。

该标准规定了重型柴油车用发动机排气污染物型式认证和生产一致性检查试验限值和测试方法要求。标准的适用范围为设计车速大于 25 km/h，最大总质量大于 3 500 kg 的汽车（不包括三轮汽车和低速货车）装用的压燃式发动机。采用的试验工况循环为欧洲十三工况，国一和国二阶段型式认证和生产一致性检查试验的排放限值见表 3-20。

表 3-20　型式认证/生产一致性检查试验排放限值（国一和国二）　　单位：g/（kW·h）

实施阶段	实施日期	CO	HC	NO$_x$	PM	
					≤85 kW	>85 kW
一	2000-09-01	4.5/4.9	1.1/1.23	8.0/9.0	0.61/0.68	0.36/0.40
二	2003-09-01	4.0/4.0	1.1/1.1	7.0/7.0	0.15/0.15	0.15/0.15

比较两个阶段的生产一致性检查试验排放限值可以看出，第二阶段削减污染物的重点是 PM。与第一阶段限值相比，第二阶段各气体污染物（CO、HC、NO$_x$）限值的降低幅度平均在百分之十几，而 PM 限值的降低幅度高达 60%～70%。另外，与轻型汽车同阶段标准一样，重型柴油机第一阶段的生产一致性限值比型式认证限值宽松，但第二阶段两限值相同，相当于加严了排放的生产一致性要求。

（3）国三、国四和国五标准

2005 年我国发布重型柴油车和气体燃料汽车第三、第四、第五阶段排放标准《车用压燃式、气体燃料点燃式发动机与汽车排气污染物排放限值及测量方法（中国Ⅲ、Ⅳ、Ⅴ阶段）》（GB 17691—2005），该标准是对 GB 17691—2001 的修订。该标准的限值和测量方法修改采用欧盟指令 1999/96/EC 以及随后截至其最新修订版 2001/27/EC（欧洲 3、4、5 号）的有关技术内容。

该标准规定了第三、第四、第五阶段装用压燃式发动机汽车及其压燃式发动机所排放的气态和颗粒污染物的排放限值及测量方法，以及装用以天然气或液化石油气作为燃料的点燃式发动机汽车及其点燃式发动机所排放的气态污染物的排放限值及测量方法。与 GB 17691—2001 相比，加严了污染物排放限值，各阶段排放限值见表 3-21 和表 3-22；增加重型燃气发动机排放控制要求；原标准中的十三工况由新的试验工况所取代，修订后标准包括 3 种工况：ESC（欧洲稳态循环）、ELR（欧洲负荷响应试验）和 ETC（欧洲瞬态循环），并规定针对不同车种或不同的控制阶段，采用不同的试验工况，详见表 3-23；增加 OBD 系统、排放耐久性和生产一致性的要求。

表 3-21　ESC 和 ELR 试验限值

阶段	CO/ [g/ (kW·h)]	HC/ [g/ (kW·h)]	NO_x/ [g/ (kW·h)]	PM/ [g/ (kW·h)]	烟度/m^{-1}
三	2.1	0.66	5.0	0.10　0.13[1]	0.8
四	1.5	0.46	3.5	0.02	0.5
五	1.5	0.46	2.0	0.02	0.5
EEV	1.5	0.25	2.0	0.02	0.15

注：[1] 对每缸排量低于 0.75 dm^3 及额定功率转速超过 3 000 r/min 的发动机。

表 3-22　ETC 试验限值　　　　　　　　　　　　　　单位：g/ (kW·h)

阶段	CO	NMHC	CH_4[1]	NO_x	PM[2]
三	5.45	0.78	1.6	5.0	0.16　0.21[3]
四	4.0	0.55	1.1	3.5	0.03
五	4.0	0.55	1.1	2.0	0.03
EEV	3.0	0.40	0.65	2.0	0.02

注：[1] 仅对 NG 发动机。

[2] 不适用于三、四和五阶段的燃气发动机。

[3] 对每缸排量低于 0.75 dm^3 及额定功率转速超过 3 000 r/min 的发动机。

表 3-21 和表 3-22 中 EEV 限值为增强型环境友好汽车（EEV）的排放限值，提出该限值的目的是鼓励生产和使用低污染汽车。

表 3-23　各试验循环工况的应用范围

发动机类型	应进行的试验循环工况
柴油发动机第三阶段	ESC、ELR
气体燃料发动机	ETC
装有排放后处理装置的柴油发动机（如颗粒物捕集器、NO_x 催化转化器等）	ESC、ELR 和 ETC
柴油发动机（第四、五阶段或 EEV）	ESC、ELR 和 ETC

（4）国六标准

2018 年 6 月，生态环境部、国家市场监督管理总局联合发布《重型柴油车污染物排放限值及测量方法（中国第六阶段）》（GB 17691—2018）。该标准适用于设计车速大于 25 km/h 的装用压燃式、气体燃料点燃式发动机的 M_2、M_3、N_2（但不包括低速货车）和 N_3 类以及总质量大于 3 500 kg 的 M_1 类重型汽车。该标准的具体内容将在后续问题中进行具体叙述。

重型车排放限值发展历程如图 3-4 所示。

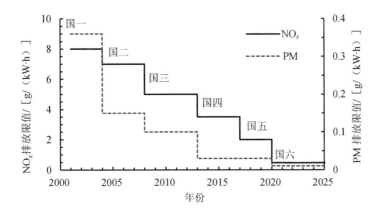

图 3-4　重型车排放限值发展历程

62　现行重型柴油车排放标准对前版标准进行了哪些方面的修订？

目前，重型柴油车大气污染物排放控制执行标准《重型柴油车污染物排放限值及测量方法（中国第六阶段）》（GB 17691—2018），该标准是对《车用压燃式、气体燃料点燃式发动机与汽车排气污染物排放限值及测量方法（中国Ⅲ、Ⅳ、Ⅴ阶段）》（GB 17691—2005）的修订。与前版标准相比，主要有以下几方面的不同：

一是大幅加严污染物排放限值，NO_x、PM 限值分别加严 77%、67%，新增了 PN 限值和 NH_3 排放限值；二是采用全新的发动机标准测试循环，即全球统一重型发动机瞬态测试循环（WHTC）和稳态测试循环（WHSC）；三是增加发动机非标准循环排放控制要求，有效防止车辆只在标准测量循环下排放达标；四是新增整车实际道路测试方法（车载法，PEMS），填补了整车监督执法的测量方法空白；五是进一步强化耐久性要求，可直接选择标准指定的劣化系数，大幅降低企业型式检验成本；六是提出更加严格的 OBD 系统要求和 NO_x 控制系统要求；七是增加高海拔排放要求；八是增加防止含钒化合物泄漏的要求；九是规定了排放油耗联合管控的相关要求；十是增加远程排放管理车载终端技术要求。

63 现行重型柴油车排放标准的适用范围是什么？

《重型柴油车污染物排放限值及测量方法（中国第六阶段）》（GB 17691—2018）适用于设计车速大于 25 km/h 的装用压燃式、气体燃料点燃式发动机的 M_2、M_3、N_2（但不包括低速货车）和 N_3 类以及总质量大于 3 500 kg 的 M_1 类重型汽车。

标准规定了装用压燃式发动机汽车及其发动机所排放的气态和颗粒污染物的排放限值及测量方法，以及装用以天然气或液化石油气作为燃料的点燃式发动机汽车及其发动机所排放的气态污染物的排放限值及测量方法。包括重型柴油车标准循环和非标准循环排气污染物、曲轴箱污染物的排放限值及测量方法，排放控制装置的耐久性、排放质保期、车载诊断（OBD）系统、NO_x 控制系统等技术要求及测量方法。适用于上述汽车及其发动机的型式检验、生产一致性检查、新生产车排放监督检查和在用符合性检查。

64 现行重型柴油车排放标准包括哪些试验项目？

发动机机型（系族）在型式检验时要求进行的检验项目，如表 3-24 所示。

表 3-24 发动机机型（系族）的型式检验的试验项目

型式检验试验项目			柴油机	单一气体燃料机	双燃料发动机[1]
标准循环	稳态工况（WHSC）	气态污染物	进行	—	进行
		PM 和 PN			
		CO_2 和油耗			

型式检验试验项目			柴油机	单一气体燃料机	双燃料发动机[1]
标准循环	瞬态工况（WHTC）	气态污染物	进行	进行	进行
		PM 和 PN			
		CO₂ 和油耗			
非标准循环	发动机台架非标准循环（WNTE）	气态污染物	进行	—	进行
		PM			
	整车车载法（PEMS）试验[2]		进行	进行	进行
曲轴箱通风			进行	进行	进行
耐久性			进行	进行	进行
OBD			进行	进行	进行
NOₓ控制			进行	—	进行

注：[1] 按 GB 17691—2018 标准中的附录 N 要求进行型式检验。

　　[2] 发动机的整车 PEMS 试验，可以是该发动机所安装车型的 PEMS 试验之一。

65　现行重型柴油车排放标准的主要控制要求是什么？

《重型柴油车污染物排放限值及测量方法（中国第六阶段）》（GB 17691—2018）分为 6a 和 6b 两个控制阶段，经过 6a 阶段的过渡，最终全国统一实施 6b 标准。

（1）发动机标准循环排放限值

GB 17691—2018 规定了发动机台架污染物排放试验，气态污染物和颗粒物排放结果乘以劣化系数后，应小于表 3-25 中给出的排放限值。

表 3-25　发动机标准循环排放限值　　　　　　　　单位：mg/（kW·h）

试验	CO	THC	NMHC	CH₄	NOₓ	NH₃/ppm*	PM	PN/［个/（kW·h）］
WHSC（CI[1]）	1 500	130	—	—	400	10	10	8.0×10¹¹
WHTC（CI[1]）	4 000	160	—	—	460	10	10	6.0×10¹¹
WHTC（PI[2]）	4 000	—	160	500	460	10	10	6.0×10¹¹

注：[1] CI=压燃式发动机。

　　[2] PI=点燃式发动机。

（2）发动机非标准循环排放要求

发动机机型或系族进行非标准循环（WNTE）排放试验，其结果应小于表 3-26 中给出的排放限值要求。

---

* 1 ppm=10⁻⁶，全书同。

表 3-26　发动机非标准循环（WNTE）排放限值　　　　单位：mg/（kW·h）

试验	CO	THC	NO$_x$	PM
WNTE	2 000	220	600	16

（3）整车试验排放要求

整车进行实际道路车载法排放试验，要求 90%以上的有效窗口，小于表 3-27 中规定的排放限值要求。

表 3-27　整车试验排放限值[1]　　　　单位：mg/（kW·h）

发动机类型	CO	THC	NO$_x$	PN[2]/〔个/（kW·h）〕
压燃式	6 000	—	690	1.2×10^{12}
点燃式	6 000	240（LPG） 750（NG）	690	—
双燃料	6 000	1.5×WHTC 限值	690	1.2×10^{12}

注：[1] 应在同一试验中同时测量 CO$_2$ 并同时记录。
　　[2] PN 限值从 6b 阶段开始实施。

（4）曲轴箱排放要求

对于闭式曲轴箱，发动机曲轴箱内的任何气体不允许排入大气中。对于开放式曲轴箱，曲轴箱排气应按照标准中开式曲轴箱污染物评价方法，将曲轴箱排放与尾气排放一起进行测试，不得超过发动机标准循环的排放限值。

（5）排放控制装置的耐久性要求

型式检验时，应确定发动机系统或发动机-后处理系统系族的劣化系数，以证明其排放耐久性符合标准的要求。发动机企业可以选择表 3-28 指定相乘的劣化系数，作为替代用耐久性劣化系数。

表 3-28　劣化系数

试验循环	CO	THC[1]	NMHC[2]	CH$_4$[2]	NO$_x$	NH$_3$	PM	PN
WHSC	1.3	1.3	1.4	1.4	1.15	1.0	1.05	1.0
WHTC	1.3	1.3	1.4	1.4	1.15	1.0	1.05	1.0

注：[1] 用于压燃式发动机。
　　[2] 用于点燃式发动机。

发动机系统或发动机-后处理系统系族的污染物排放控制装置耐久性应满足表 3-29 规定的有效寿命期（里程或时间周期）。

表 3-29　有效寿命期

分类	有效寿命期[1]	
	行驶里程/km	使用时间/a
用于 M_1、N_1 和 M_2 车辆	200 000	5
用于 N_2 类车辆；最大设计总质量不超过 18 t 的 N_3 类车辆；M_3 类中的 Ⅰ 级、Ⅱ 级和 A 级车辆；最大设计重质量不超过 7.5 t 的 M_3 类中的 B 级车辆	300 000	6
用于最大设计总质量超过 18 t 的 N_3 类车辆；M_3 类中的Ⅲ级车辆；最大设计总质量超过 7.5 t 的 M_3 类中的 B 级车辆	700 000	7

注：[1]有效寿命期中的行驶里程和实际使用时间，两者以先到为准。

（6）排放质保期

生产企业应对标准中给出的排放相关零部件提供质保服务，其排放质保期不应短于表 3-30 中给出的最短质保期。

表 3-30　最短质保期[1]

汽车分类	行驶里程/km	使用时间/a
M_1、M_2、N_1	80 000	5
M_3、N_2、N_3	160 000	5

注：[1]最短质保期中的行驶里程和实际使用时间，两者以先到为准。

（7）车载诊断（OBD）系统要求

OBD 系统的 OBD 限值见表 3-31 和表 3-32。

表 3-31　OBD 限值（压燃式发动机）

污染物	NO_x	PM
限值/ [mg/（kW·h）]	1 200	25

表 3-32　OBD 限值（气体燃料点燃式发动机）

污染物	NO_x	CO
限值/ [mg/（kW·h）]	1 200	7 500

（8）远程监控要求

《重型柴油车污染物排放限值及测量方法（中国第六阶段）》（GB 17691—2018）规定，从 6b 控制阶段开始，车辆要满足远程监控排放管理要求。

1）车载终端应能采集发动机排放相关数据。安装在颗粒捕集器（DPF）和（或）选择性催化还原（SCR）技术的重型车上车载终端采集的数据见表 3-33，采集频率应为 1 Hz。

表 3-33 车载终端采集的数据［采用 DPF 和（或）SCR 技术的车辆］

序号	数据项
1	车速
2	大气压力（直接测量或估算值）
3	发动机净输出扭矩（作为发动机最大基准扭矩的百分比），或发动机实际扭矩/指示扭矩（作为发动机最大基准扭矩的百分比，如依据喷射的燃料量计算获得）
4	摩擦扭矩（作为发动机最大基准扭矩的百分比）
5	发动机转速
6	发动机燃料流量
7	上游 NO_x 传感器输出
8	下游 NO_x 传感器输出
9	SCR 入口温度
10	SCR 出口温度
11	DPF 压差
12	进气量
13	反应剂余量
14	油箱液位[(1)]
15	发动机冷却液温度
16	累计里程

注：[(1)] 燃气机可不采集油箱液位参数。

2）对于采用三元催化器后处理技术的车辆，车载终端应采集表 3-34 规定的数据，采集频率为 1 Hz。

表 3-34 车载终端采集的数据（采用三元催化技术的车辆）

序号	数据项
1	车速
2	大气压力（直接测量或估算值）
3	发动机净输出扭矩（作为发动机最大基准扭矩的百分比），或发动机实际扭矩/指示扭矩（作为发动机最大基准扭矩的百分比，如依据喷射的燃料量计算获得）
4	摩擦扭矩（作为发动机最大基准扭矩的百分比）
5	发动机转速
6	发动机燃料流量
7	三元催化器上游氧传感器输出

序号	数据项
8	三元催化器下游氧传感器输出
9	进气量
10	三元催化器温度传感器输出（上游、或下游、或模拟）
11	三元催化器下游 NO$_x$ 传感器输出[1]
12	发动机冷却液温度
13	累计里程

注：[1] 安装 NO$_x$ 传感器的车辆应采集并传输 NO$_x$ 输出值。

3）对于重型混合动力电动车辆，除应采集上述数据外，还应采集表 3-35 规定的数据，采集频率为 1 Hz。

表 3-35　混合动力电动车辆车载终端补充采集的数据

序号	数据项
1	电机转速
2	电机负荷百分比
3	电池电压
4	电池电流
5	荷电状态（SOC）

4）车载终端的 OBD 信息采集应满足表 3-36 的规定，OBD 信息应每 24 h 至少采集一次。

表 3-36　车载终端的 OBD 信息采集

序号	数据项
1	OBD 诊断协议
2	故障指示灯（MIL）状态
3	诊断支持状态
4	诊断就绪状态
5	车辆识别代号
6	软件标定识别号
7	标定验证码
8	在用监测频率（IUPR）
9	故障码总数
10	故障码信息列表

66 现行重型柴油车排放标准从何时开始实施？

《重型柴油车污染物排放限值及测量方法（中国第六阶段）》（GB 17691—2018）分为
6a 和 6b 两个阶段实施，6a 和 6b 阶段主要技术要求的不同点如表 3-37 所示。自表 3-38
规定的实施之日起，凡不满足标准相应阶段要求的新车不得生产、进口、销售和注册登
记，不满足该标准相应阶段要求的新发动机不得生产、进口、销售和投入使用。

表 3-37　6a 和 6b 阶段主要技术要求的不同点

技术要求	6a 阶段	6b 阶段
PEMS 方法的 PN 要求	无	有
远程排放管理车载终端数据发送要求	无	有
高海拔排放要求	1 700 m	2 400 m
PEMS 测试载荷范围	50%～100%	10%～100%

表 3-38　重型柴油车国六标准实施时间

标准阶段	车辆类型	实施时间
6a 阶段	燃气车辆	2019 年 7 月 1 日
	城市车辆	2020 年 7 月 1 日
	所有车辆	2021 年 7 月 1 日
6b 阶段	燃气车辆	2021 年 1 月 1 日
	所有车辆	2023 年 7 月 1 日

67 和其他国家重型车排放标准的排放控制水平对比情况如何？

《重型柴油车污染物排放限值及测量方法（中国第六阶段）》（GB 17691—2018）主要
沿用欧洲标准体系，参考欧盟第六阶段排放法规，协调全球统一的重型车排放测试法规，
并融合美国 2010 年重型车排放法规中的先进经验及相关技术内容，排放控制水平与欧盟
第六阶段排放法规、美国 2010 年重型发动机法规相当。与欧盟的排放要求对比如表 3-39
所示。同时，基于我国实际情况，GB 17691—2018 提出了比欧盟法规更严格的管理要求。

一是更加关注车辆在实际使用过程中的污染物排放状况。整车 PEMS 测试海拔条件
扩展至最高 2 400 m，车辆载荷扩展至最低 10%，可覆盖更广泛的车辆实际使用条件，同
时增加了新生产车排放达标检查要求，进一步强化整车排放监管。

表 3-39　重型柴油汽车国内外排放要求对比

控制项目	国六			欧VI		
	WHTC	WHSC（CI）	PEMS	WHTC	WHSC（CI）	PEMS
NO_x/ [mg/（kW·h）]	460	400	690	460	400	690
PM/ [mg/（kW·h）]	10	10	—	10	10	—
PN/ [个/（kW·h）]	$6×10^{11}$	$8×10^{11}$	$1.2×10^{12}$	$6×10^{11}$	$8×10^{11}$	$9.78×10^{11}$
CO/ [mg/（kW·h）]	4 000	1 500	6 000	4 000	1 500	6 000
NMOG/[mg/（kW·h）]	160 (NMHC) [PI]	—	—	160 (NMHC)	—	240 (NMHC)
NH_3/ppm	10	10		10	10	
CH_4/ [mg/（kW·h）]	500[PI]	—		500[PI]		750[PI]
N_2O/ [mg/（kW·h）]						
HC/ [mg/（kW·h）]	160[CI]	130	240[LPG] 750[NG]	160[CI]	130	240[CI]

注：CI=压燃式发动机；PI=点燃式发动机；LPG=液化石油气；NG=天然气。

二是对车载诊断（OBD）系统提出更加严格的要求。为监管时能有效发现故障车辆，参考美国法规增加了永久故障代码要求；根据我国的重型车环保管理需要，提前应对可能出现的用户不及时添加尿素的情况，国六标准比欧VI法规增加了超 OBD 限值限速限扭规定；考虑到我国机动车排放管理趋势，增加了 OBD 远程监控要求。

三是对排放耐久性提出更严格的要求。欧VI法规中，M_1、N_1 和 M_2 车辆的耐久性里程要求为 16 万 km，重型车国六标准的耐久性里程为 20 万 km。

四是增加了排放质保期要求。出于增强车辆生产企业的责任和环保意识，以及使排放控制装置的质量有所保障的目的，并确保国六标准的实施能够收到预期的环境效益，国六标准根据车辆类型，规定了排放质保期要求，即排放相关零部件如果在质保期内出现故障或损坏，导致排放控制系统失效，或车辆排放超过本标准限值要求，制造商应当承担相关维修费用。欧VI法规中没有此类要求。

五是实现排放油耗联合管控。为解决我国重型车排放和油耗分别采用两套标定进行测试的现实问题，国六标准规定了在进行整车油耗测量时，同时测量污染物排放测试的要求，并要求整车生产企业将试验结果进行信息公开。

68　重型柴油车的排放控制水平有哪些变化？

重型车是我国机动车大气污染物排放的重要来源，为满足排放标准的升级，重型车采用了先进的污染物排放控制技术，其中主要包括发动机废气再循环（EGR），柴油氧化催化器（DOC）、催化还原系统（SCR）、柴油机颗粒捕集器（DPF）和氨逃逸催化器（ASC）等柴油车尾气后处理技术以及三元催化器（TWC）等燃气车尾气后处理技术。基于 2017—2022 年新生产的重型车环保信息公开数据，对重型车排放控制技术的发展趋势进行了统计分析。

随着排放标准的升级，单一的后处理技术难以实现全部污染物的减排需求，需采用一系列后处理技术组成的技术组合来实现。图 3-5 展示了 2017—2022 年新生产重型车不同的后处理技术路线应用情况。2021 年及以前，SCR 和 DOC+SCR 占主导，2017—2020 年两条技术路线占比 80.0%以上。2021 年，即使部分省（市）提前实施了国六标准，SCR和 DOC+SCR 技术路线的搭载率仍近 60.0%。2022 年国六标准在全国范围内全面实施，DOC+DPF+SCR+ASC 和 EGR+DOC+DPF+SCR+ASC 技术路线搭载率急剧跃升，占比高达 93.0%，2022 年，EGR+SCR+DOC+ASC+DPF 组合在重型车新车上搭载率达到 63.0%。

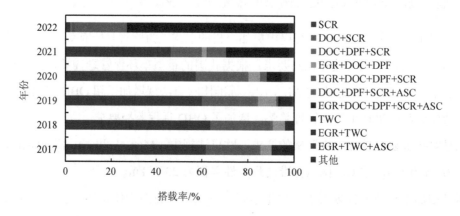

图 3-5　2017—2022 年新生产重型车不同的后处理技术路线应用情况

69　重型车排放控制还有其他标准要求吗？

《重型柴油车污染物排放限值及测量方法（中国第六阶段）》（GB 17691—2018）适用于总质量大于等于 3.5 t 的重型柴油车和气体燃料车,《重型车用汽油发动机与汽车排气污染物排放限值及测量方法（中国Ⅲ、Ⅳ阶段）》（GB 14762—2008），适用于总质量大于等于 3.5 t 的汽油车。上述两项标准均适用于重型车，但车辆种类不同，由于排放控制项目和测试方法不同，分别执行不同的排放标准。目前，重型汽油车标准 GB 14762—2008 正在修订。

重型汽油车第三、四阶段的排放限值如表 3-40 所示，试验测得的污染物比质量，进行劣化值校正后，不得超过规定的限值要求。

表 3-40 试验限值 单位：g/（kW·h）

阶段	CO	THC	NO$_x$
三	9.7	0.41	0.98
四	9.7	0.29	0.70

第三章 新生产摩托车标准[1]

70 摩托车的分类包括哪些？

摩托车根据发动机的气缸排量和最高设计车速分为摩托车和轻便摩托车两种，具体区别如表 3-41 所示。通常摩托车也泛指摩托车和轻便摩托车。

表 3-41 摩托车的分类

类别	分类	具体车型	车型示例
摩托车	两轮摩托车（L$_3$类）	指发动机排量超过 50 mL，或最高设计车速超过 50 km/h 的两轮车辆	
	边三轮摩托车（L$_4$类）	指发动机排量超过 50 mL，或最高设计车速超过 50 km/h，三个车轮相对于车辆的纵向中心平面为非对称布置的车辆	

---

1 作者：何卓识，田苗。

类别	分类	具体车型	车型示例
摩托车	正三轮摩托车（L_5 类）	指发动机排量超过 50 mL，或最高设计车速超过 50 km/h，三个车轮相对于车辆的纵向中心平面为对称布置的车辆	
轻便摩托车	两轮轻便摩托车（L_1 类）	指发动机排量不超过 50 mL，且最高设计车速不超过 50 km/h 的两轮车辆	
	三轮轻便摩托车（L_2 类）	指发动机排量不超过 50 mL，且最高设计车速不超过 50 km/h，具有任何车轮布置形式的三轮车辆	

71 摩托车排放标准的发展历程是怎样的？

（1）国一之前的标准

1985 年我国发布国家标准《摩托车怠速污染物测量方法》（GB 5466—85），规定了摩托车排气污染物的怠速试验方法，这是我国第一次制定摩托车排气污染物测试的标准。同年，还发布了《摩托车主要性能指标》（GB 5366—85），规定了发动机排量在 50 mL 以上的摩托车怠速工况下排放的 CO、HC 浓度。排放限值见表 3-42。

表 3-42 摩托车怠速污染物排放限值

怠速污染物（四冲程/二冲程）		怠速污染物（四冲程/二冲程）	
新生产车		在用车	
CO/%	HC/ppm	CO/%	HC/ppm
≤5/3.5	≤2 200/6 000	≤6/4	≤3 000/6 500

1993 年，我国颁布《摩托车排气污染物排放标准》（GB 14621—93），规定了摩托车

工况法和怠速法的排气污染物的排放限值，代替《摩托车主要性能指标》（GB 5366—85）中怠速污染物部分。该标准适用范围为装有四冲程或二冲程汽油发动机，最大总质量小于等于 400 kg，发动机排量大于 50 mL，最大设计车速大于等于 50 km/h 的二轮、三轮摩托车及其发动机，不适用于越野车、赛车及其发动机。修订后的怠速污染物限值如表 3-43 所示。该标准还是我国首次发布控制摩托车排气中污染物排放总量的工况法排放标准，工况法标准限值如表 3-44 所示。

表 3-43　怠速法测量排气污染物排放标准值

车　别	CO/%	HC[1]/ppm	
		四冲程	二冲程
1996 年 1 月 1 日以前的定型车	4.5	1 500	7 000
1996 年 1 月 1 日以前的新生产车	5.0	2 000	7 800
1996 年 1 月 1 日以前生产的在用车	5.0	2 500	9 000
1996 年 1 月 1 日起的定型车	4.5	1 200	7 000
1996 年 1 月 1 日起的新生产车	4.5	1 800	7 000
1996 年 1 月 1 日起生产的在用车	4.5	2 200	8 000

注：[1]HC 浓度按正己烷当量计。

表 3-44　工况法测量排气污染物排放标准值

车别	基准质量（RM）/kg	CO/（g/km）		HC（C 当量）/（g/km）	
		二冲程	四冲程	二冲程	四冲程
1996 年 1 月 1 日起的定型车	RM<100	16	25	10	7
	100≤RM≤300	$16+\dfrac{24(RM-100)}{200}$	$25+\dfrac{25(RM-100)}{200}$	$10+\dfrac{5(RM-100)}{200}$	$7+\dfrac{3(RM-100)}{200}$
	RM>300	40	50	15	10
1996 年 1 月 1 日起的新生产车	RM<100	20	30	13	10
	100≤RM≤300	$20+\dfrac{30(RM-100)}{200}$	$30+\dfrac{30(RM-100)}{200}$	$13+\dfrac{8(RM-100)}{200}$	$10+\dfrac{4(RM-100)}{200}$
	RM>300	50	60	21	14

注：标准还规定在任何工况下均不得排放可见颗粒物。

（2）国一和国二标准

2002 年，我国发布摩托车和轻便摩托车第一阶段和第二阶段排放标准：《摩托车排气污染物排放限值及测量方法（工况法）》（GB 14622—2002）和《轻便摩托车排气污染排放限值及测量方法（工况法）》（GB 18176—2002）。

《摩托车排气污染物排放限值及测量方法（工况法）》（GB 14622—2002）是对《摩托车排气污染物排放标准》（GB 14621—93）的修订，代替其中工况法排气污染物的排放限值部分，同时将测量方法标准内容合并入该标准。该标准的限值和测量方法等效采用欧盟指令 97/24/EC 中适用于摩托车工况法的技术内容。摩托车第一阶段和第二阶段的排放限值及实施时间见表 3-45。

表 3-45　摩托车排气污染物排放限值及实施时间

排气污染物	排放限值/（g/km）					
	第一阶段				第二阶段	
	两轮摩托车		三轮摩托车		两轮摩托车	三轮摩托车
	二冲程	四冲程	二冲程	四冲程		
CO	8	13	12	19.5	5.5	7
HC	4	3	6	4.5	1.2	1.5
NO_x	0.1	0.3	0.15	0.45	0.3	0.4

注：① 第一阶段型式核准试验自 2003 年 1 月 1 日起执行；生产一致性检查试验自 2003 年 7 月 1 日起执行；
　　② 第二阶段型式核准试验自 2004 年 1 月 1 日起执行；生产一致性检查试验自 2005 年 1 月 1 日起执行。

《轻便摩托车排气污染排放限值及测量方法（工况法）》（GB 18176—2002）是我国首次发布的控制轻便摩托车排气中污染物排放总量的工况法排放标准。该标准的限值和测量方法等同采用欧盟指令 97/24/EC 中适用于轻便摩托车工况法的技术内容。轻便摩托车第一阶段和第二阶段的排放限值及实施时间见表 3-46。

表 3-46　轻便摩托车排气污染物排放限值及实施时间

排气污染物	排放限值/（g/km）			
	第一阶段		第二阶段	
	两轮轻便摩托车	三轮轻便摩托车	两轮轻便摩托车	三轮轻便摩托车
CO	6	12	1	3.5
$HC+NO_x$	3	6	1.2	1.2

注：①第一阶段型式核准试验自 2003 年 1 月 1 日起执行；生产一致性检查试验自 2004 年 1 月 1 日起执行；
　　②第二阶段型式核准试验自 2005 年 1 月 1 日起执行；生产一致性检查试验自 2006 年 1 月 1 日起执行。

2002 年，与摩托车和轻便摩托车工况法排放标准同步发布的，还有怠速法排放标准《摩托车和轻便摩托车排气污染物排放限值及测量方法（怠速法）》（GB 14621—2002）。该标准是对《摩托车排气污染物排放标准》（GB 14621—93）的修订，代替其中在怠速法测量排气污染物的排放限值部分，同时将测量方法标准《摩托车排气污染物的测量　怠速法》(GB/T 5466—93)内容合并入该标准。该标准试验方法沿用《摩托车排气污染物排放标准》(GB 14621—93)中规定的怠速污染物测量方法,但增加了对轻便摩托车的测试要求,将标准的适用范围扩大到所有的摩托车和轻便摩托车。即整车整备质量小于 400 kg、装有火花点火式发动机,但发动机排量大于 50 mL 或最大设计车速大于 50 km/h 的两轮或三轮摩托车;或者发动机排量不超过 50 mL、最大设计车速不超过 50 km/h 的两轮或三轮轻便摩托车,都属于该标准的排放控制对象。考虑到摩托车和轻便摩托车的工况法限值已经加严,该标准提高了对怠速法的控制要求,对车辆的型式核准试验、生产一致性检查试验和在用车检查试验分别提出了排放限值(表 3-47)。

表 3-47 怠速法测量排气污染物限值

试验类别	CO/%	HC[1]/10^{-6}	
		四冲程	二冲程
2003 年 1 月 1 日起型式核准试验	3.8	800	3 500
2003 年 7 月 1 日起生产一致性检查试验	4.0	1 000	4 000
2003 年 7 月 1 日起生产的在用车检查试验	4.5	1 200	4 500
2003 年 7 月 1 日以前生产的在用车检查试验	4.5	2 200	8 000

注:[1]HC 浓度按正己烷当量计。

除怠速排放要求外,该标准中还提出了对摩托车和轻便摩托车的曲轴箱排放控制要求:曲轴箱通风系统不允许有任何曲轴箱气体排入大气。

(3)国三标准

2007 年,我国发布第三阶段摩托车和轻便摩托车工况法排放标准:《摩托车污染物排放限值及测量方法(工况法,中国第Ⅲ阶段)》(GB 14622—2007)和《轻便摩托车污染物排放限值及测量方法(工况法,中国第Ⅲ阶段)》(GB 18176—2007)。

上述两项标准分别是对《摩托车排气污染物排放限值及测量方法(工况法)》(GB 14622—2002)和《轻便摩托车排气污染排放限值及测量方法(工况法)》(GB 18176—2002)的修订,标准限值修改采用了欧盟指令 97/24/EC 第五章及其后的修改指令,排放控制水平与欧盟第三阶段标准相当,排放限值如表 3-48 和表 3-49 所示。对摩托车和轻便摩托车的型式核准试验不仅要求了工况法试验(Ⅰ型试验)和曲轴箱污染物排放试验(Ⅲ型试验),还对污染控制装置的耐久性试验(Ⅴ型试验)进行了控制要求。

表 3-48　摩托车排气污染物排放限值

类别		排放限值/（g/km）		
		CO 排放量（L₁）	HC 排放量（L₂）	NOₓ 排放量（L₃）
两轮摩托车	＜150 mL（UDC）	2.0	0.8	0.15
	≥150 mL（UDC+ EUDC）	2.0	0.3	0.15
三轮摩托车	全部（UDC）	4.0	1.0	0.25

注：UDC：指 ECE R40 试验循环模型，包括全部 6 个市区循环模型的排气污染物测量，采样开始时间 $T=0$。
UDC+ EUDC：指最高车速为 90 km/h 的 ECE R40+ EUDC 试验循环模型，包括市区和市郊全部循环模型的排气污染物测量，采样开始时间 $T=0$。

表 3-49　轻便摩托车排气污染物排放限值

排气污染物	排放限值/（g/km）	
	两轮轻便摩托车	三轮轻便摩托车
CO（L₁）	1.0	3.5
HC+NOₓ（L₂）	1.2	1.2

2007 年，我国还发布摩托车的燃油蒸发控制标准《摩托车和轻便摩托车燃油蒸发污染物排放限值及测量方法》（GB 20998—2007），该标准为首次制订。该标准参照第二阶段轻型车排放标准中燃油蒸发的控制要求，以及已经实施控制的国家和地区——美国、泰国和我国台湾的标准法规。GB 20998—2007 规定型式核准试验采用密闭室法，测量昼间换气损失试验和热浸损失试验的 HC 排放量。排放限值如表 3-50 所示。

表 3-50　燃油蒸发污染物排放限值

蒸发污染物	限值/（g/试验）	
	轻便摩托车	摩托车
HC	2.0	

（4）国四标准

2016 年 8 月，环境保护部会同国家质检总局发布了《摩托车污染物排放限值及测量方法（中国第四阶段）》（GB 14622—2016）和《轻便摩托车污染物排放限值及测量方法（中国第四阶段）》（GB 18176—2016）（以下简称国四标准），国四标准是对国三排放标准的修订，并对《摩托车和轻便摩托车排气污染物排放限值及测量方法（双怠速法）》（GB 14621—2011）中型式核准和生产一致性检查排放限值部分进行了修订。新标准的型式检验于 2018 年 7 月 1 日起实施，销售和注册登记于 2019 年 7 月 1 日起实施。摩托车和轻便摩托车两项标准的排放限值参考借鉴了欧盟第四阶段排放法规，是目前世界上最严格的摩托车排放标准。摩托车国四标准的具体内容将在后续问题中进行具体叙述。

两轮摩托车各阶段排放限值的对比如图 3-6 所示。

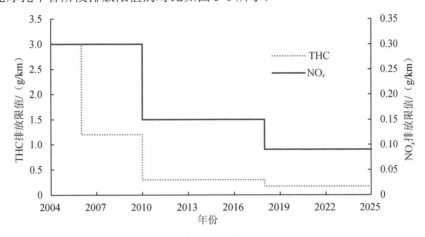

图 3-6　两轮摩托车排放限值发展历程

72　现行摩托车排放标准对前版标准进行了哪些方面的修订？

目前，摩托车和轻便摩托车大气污染物排放控制分别执行《摩托车污染物排放限值及测量方法（中国第四阶段）》（GB 14622—2016）和《轻便摩托车污染物排放限值及测量方法（中国第四阶段）》（GB 18176—2016）。上述两项标准是对《摩托车污染物排放限值及测量方法（工况法，中国第Ⅲ阶段）》（GB 14622—2007）和《轻便摩托车污染物排放限值及测量方法（工况法，中国第Ⅲ阶段）》及《摩托车和轻便摩托车燃油蒸发污染物排放限值及测量方法》（GB 20998—2007）的修订，并对《摩托车和轻便摩托车排气污染物排放限值及测量方法（双怠速法）》（GB 14621—2011）中型式核准和生产一致性检查排放限值部分进行了修订。与前版标准相比，主要有以下几个方面的不同：

一是扩大标准适用范围，新增柴油三轮摩托车的排放控制要求；二是修改了两轮摩托车Ⅰ型试验的测试循环，修改为世界摩托车测试循环（WMTC）；三是污染物排放限值进行了进一步加严，各项污染物加严了 25%～53%；四是增加了Ⅱ型试验要求（对于装用点燃式发动机的摩托车，增加了双怠速试验要求；对于装用压燃式发动机的三轮摩托车，增加了自由加速烟度测试要求）；五是进一步提升了排放控制耐久性要求；六是提出了更加完善的环保管理和技术要求，如增加了车载诊断（OBD）系统的技术要求，增加了催化转化器贵金属含量的试验要求，增加了炭罐初始工作能力的试验要求，修改了试验用基准燃料的技术要求等。

73 现行摩托车排放标准的适用范围是什么？

《摩托车污染物排放限值及测量方法（中国第四阶段）》（GB 14622—2016）和《轻便摩托车污染物排放限值及测量方法（中国第四阶段）》（GB 18176—2016）分别适用于燃用各类燃料的摩托车和轻便摩托车。

对于摩托车排放标准，从燃料类型来看，包括汽油车、柴油车、气体燃料车（如天然气、液化石油气）、两用燃料车等，柴油车仅指三轮柴油摩托车。

对于轻便摩托车排放标准，从燃料类型来看，包括汽油车、气体燃料车（如天然气、液化石油气）、两用燃料车等。

上述两项标准适用于新车型式核准、生产一致性检查和在用符合性检查，包括摩托车和轻便摩托车大气污染物排放控制的各项要求，即排气（尾气排放）、燃油蒸发和曲轴箱污染物排放的限值及测量方法，同时，还规定了污染控制装置耐久性、车载诊断（OBD）系统的技术要求及测量方法。

74 现行摩托车排放标准包括哪些试验项目？

型式检验时，摩托车试验项目如表 3-51 所示。轻便摩托车试验项目如表 3-52 所示。

表 3-51　摩托车试验项目

试验类型	装用点燃式发动机的摩托车			装用压燃式发动机的三轮摩托车
	汽油	两用燃料	单一气体燃料	
Ⅰ型试验	进行	进行（两种燃料）	进行	进行
Ⅱ型试验	进行	进行（两种燃料）	进行	进行
Ⅲ型试验	进行	进行（只汽油）	进行	不进行
Ⅳ型试验 [a]	进行	进行（只汽油）	不进行	不进行
Ⅴ型试验 [b]	进行	进行（只汽油）	进行	进行
OBD 系统试验	进行	进行（两种燃料）	进行	进行

注：1. Ⅰ型试验：指常温下冷启动后排气污染物排放试验。
  2. Ⅱ型试验：对装用点燃式发动机的摩托车，指测定双怠速的 CO、HC 和高怠速的 λ 值（过量空气系数）；对装用压燃式发动机的三轮摩托车，指测定自由加速烟度。
  3. Ⅲ型试验：指曲轴箱污染物排放试验。
  4. Ⅳ型试验：指蒸发污染物排放试验。
  5. Ⅴ型试验：指污染控制装置耐久性试验。
  [a] Ⅳ型试验前，还应按照标准中的要求对炭罐进行检测。
  [b] Ⅴ型试验前，还应按照标准中的要求对催化转化器进行检测。

表 3-52　轻便摩托车试验项目

试验类型	轻便摩托车		
	汽油	两用燃料	单一气体燃料
Ⅰ型试验	进行	进行（两种燃料）	进行
Ⅱ型试验	进行	进行（两种燃料）	进行
Ⅲ型试验	进行	进行（只汽油）	进行
Ⅳ型试验 [a]	进行	进行（只汽油）	不进行
Ⅴ型试验 [b]	进行	进行（只汽油）	进行
OBD 系统试验	进行	进行（两种燃料）	进行

注：1. Ⅰ型试验：指常温下冷启动后排气污染物排放试验。
　　2. Ⅱ型试验：指测定双怠速的 CO、HC 和高怠速的 λ 值（过量空气系数）。
　　3. Ⅲ型试验：指曲轴箱污染物排放试验。
　　4. Ⅳ型试验：指蒸发污染物排放试验。
　　5. Ⅴ型试验：指污染控制装置耐久性试验。
[a] Ⅳ型试验前，还应按照标准中的要求对炭罐进行检测。
[b] Ⅴ型试验前，还应按照标准中的要求对催化转化器进行检测。

75　现行摩托车排放标准的排放限值是多少？

《摩托车污染物排放限值及测量方法（中国第四阶段）》（GB 14622—2016）规定摩托车Ⅰ型试验（常温下冷启动后排气污染物排放试验）的排放限值如表 3-53 所示，双怠速试验或自由加速烟度试验的排放限值如表 3-54 所示。

表 3-53　摩托车Ⅰ型试验排放限值

车辆类型	车辆分类	排放限值/（mg/km）				
		CO	HC	NO_x	$HC+NO_x$	PM
两轮摩托车	Ⅰ，Ⅱ	1 140	380	70	—	—
	Ⅲ	1 140	170	90	—	—
三轮摩托车	点燃式发动机	2 000	550	250	—	—
	压燃式发动机	740	—	390	460	60

表 3-54　摩托车和轻便摩托车Ⅱ型（双怠速法试验）的排放限值（体积分数）

怠速工况		高怠速工况	
CO/%	HC[a]/ppm	CO/%	HC[a]/ppm
0.8	150	0.8	150

注：[a] 体积分数值按正己烷当量计。

《轻便摩托车污染物排放限值及测量方法（中国第四阶段）》（GB 18176—2016）规定轻便摩托车Ⅰ型试验（常温下冷启动后排气污染物排放试验）的排放限值如表 3-55 所示，双怠速试验或自由加速烟度试验的排放限值如表 3-54 所示。

表 3-55　轻便摩托车 Ⅰ 型试验排放限值

车辆分类	排放限值/（mg/km）		
	CO	HC	NO_x
两轮轻便摩托车	1 000	630	170
三轮轻便摩托车	1 900	730	1 700

76 现行摩托车排放标准的测试循环和国三标准的具体区别是什么？

在现行国四标准中,两轮摩托车采用全球技术法规 GTR2 所规定的 WMTC 试验循环,与国三标准有较大不同；三轮摩托车采用 ECE R40 的 15 工况测试循环,轻便摩托车采用 ECE R47 的测试循环，与国三标准的测试循环是一样的。

WMTC 测试循环和 ECE 测试循环相比，更接近摩托车实际道路的行驶特征，按照摩托车排量和最高车速的不同，WMTC 测试循环由三个测试阶段组成，考虑到一些小排量的摩托车和踏板摩托车的最高车速达不到循环规定的速度，每个部分各包含一个正常测试循环和减速测试循环，每个循环持续 600 s，其速度-时间曲线如图 3-7 所示。第一阶段为低速部分，代表市区内道路情况，第二阶段代表乡村公路，第三阶段代表高速道路情况。WMTC 循环相较于国三阶段的 ECE 循环，由于变工况占的比例相当大，平均车速又高，对车辆的要求也就更加严格。特别是对于进行车辆的适用性方面，使之更加符合车辆实际使用中的情况。

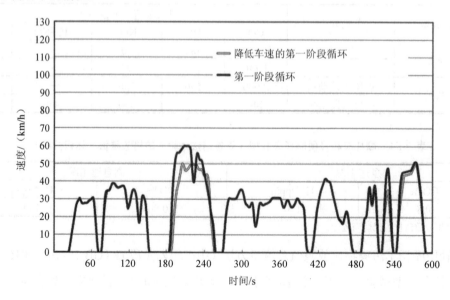

（a）第一阶段工况图

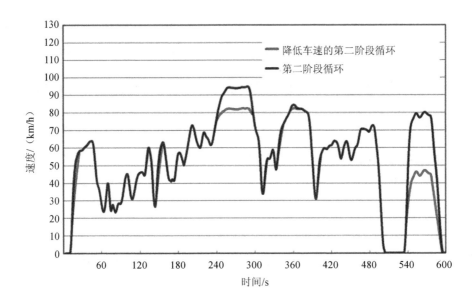

（b）第二阶段工况图

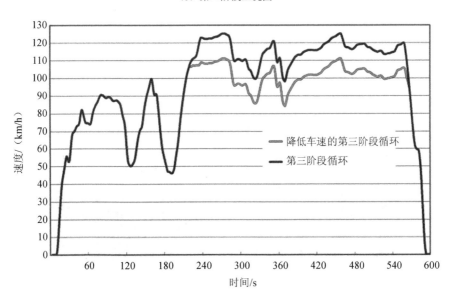

（c）第三阶段工况图

图 3-7　WMTC 测试循环的构成

77　现行摩托车排放标准从何时开始实施？

《摩托车污染物排放限值及测量方法（中国第四阶段）》（GB 14622—2016）和《轻便摩托车污染物排放限值及测量方法（中国第四阶段）》（GB 18176—2016）规定：自 2018 年

7 月 1 日起，所有型式检验的摩托车和轻便摩托车均应符合国四标准要求，自 2019 年 7 月 1 日起，所有销售和注册登记的摩托车和轻便摩托车均应符合国四标准要求。

78 和其他国家摩托车排放标准的排放控制水平对比情况如何？

摩托车和轻便摩托车国四排放标准参考借鉴了欧盟第四阶段排放法规，但是排放限值较欧盟法规更为严格。其中，对于两轮摩托车，因冷态循环污染物的计算权重与欧盟不同，国四标准的限值实际严于欧 IV 标准的要求；另外，对于柴油三轮摩托车，其限值也严于欧 IV 标准 25%～30%。

第四章 新生产非道路柴油移动机械标准[1]

79 非道路柴油移动机械包括哪些？

非道路（non-road，off-highway）移动机械是用于非道路上的各类机械的统称，即①自驱动或双重功能，既能自驱动又能进行其他功能操作的机械；②不能自驱动，但被设计成能够从一个地方移动到或被移动到另一个地方的机械，且一年内移动次数大于 1 次的机械。非道路柴油移动机械涵盖机械类型种类繁多，按照用途不同可以划分为工程机械、农业机械、林业机械、发电机组、渔业机械和机场地勤设备等，如图 3-8 所示。

工程机械　　　　　　　　　　农业机械

林业机械　　　　　　　　　　其他机械

图 3-8 非道路柴油移动机械的主要类别

---

1 作者：窦广玉，马帅。

80　非道路柴油移动机械排放标准的发展历程是怎样的？

（1）国一和国二标准

2007 年，我国发布污染物排放标准《非道路移动机械用柴油机排气污染物排放限值及测量方法（中国Ⅰ、Ⅱ阶段）》（GB 20891—2007），这是我国第一次发布非道路移动机械的排放标准。该标准修改采用欧盟指令 97/68/EC（截至修订版 2002/88/EC）《关于协调各成员国采取措施防治非道路移动机械用压燃式发动机气态污染物和颗粒物排放的法律》的有关技术内容。适用于非道路移动机械装用的额定净功率不超过 560 kW，在非恒定、恒定转速下工作的柴油机，分别于 2007 年 10 月 1 日、2009 年 10 月 1 日开始实施第一、第二阶段标准。

第二阶段与第一阶段的适用范围及测试方法、技术要求等均相同，主要变化是加严污染物排放限值，并对 18 kW 以下功率段柴油机的 PM 排放限值进行细化。

表 3-56　非道路移动机械装用柴油机排气污染物限值（第一阶段）　　单位：g/（kW·h）

额定功率 P_{max} /kW	CO	HC	NO_x	HC+NO_x	PM
$130 \leqslant P_{max} \leqslant 560$	5.0	1.3	9.2	—	0.54
$75 \leqslant P_{max} < 130$	5.0	1.3	9.2	—	0.7
$37 \leqslant P_{max} < 75$	6.5	1.3	9.2	—	0.85
$18 \leqslant P_{max} < 37$	8.4	2.1	10.8	—	1.0
$8 \leqslant P_{max} < 18$	8.4	—	—	12.9	—
$0 < P_{max} < 8$	12.3	—	—	18.4	—

表 3-57　非道路移动机械用柴油机排气污染物限值（第二阶段）　　单位：g/（kW·h）

额定功率 P_{max} /kW	CO	HC	NO_x	HC+NO_x	PM
$130 \leqslant P_{max} \leqslant 560$	3.5	1.0	6.0	—	0.2
$75 \leqslant P_{max} < 130$	5.0	1.0	6.0	—	0.3
$37 \leqslant P_{max} < 75$	5.0	1.3	7.0	—	0.4
$18 \leqslant P_{max} < 37$	5.5	1.5	8.0	—	0.8
$8 \leqslant P_{max} < 18$	6.6	—	—	9.5	0.8
$0 < P_{max} < 8$	8.0	—	—	10.5	1.0

（2）国三标准

2014 年 5 月发布《非道路移动机械用柴油机排气污染物排放限值及测量方法（中国第三、四阶段）》（GB 20891—2014），自 2014 年 10 月 1 日起，进行型式检验非道路移动机械用柴油机都必须符合三阶段要求，自 2015 年 10 月 1 日起，所有制造和销售的非道路移动机械用柴油机排气污染物排放必须符合本标准第三阶段要求。自 2016 年 4 月 1 日起，所有制造、进口和销售的非道路移动机械应装用符合标准第三阶段要求的柴油机。此外，标准也给出了第四阶段的污染物排放限值及增加瞬态测试要求，但并未规定具体实施时间。

与第二阶段相比，第三阶段增加了 560 kW 以上非道路移动机械用柴油机的污染物排放控制要求。柴油机在进行型式检验时需进行耐久性测试，最短耐久运行时间或等效运行不低于表 3-58 规定的柴油机有效寿命的 25%，并确定劣化系数或劣化修正值。为进一步降低污染物排放，标准加严了非道路移动机械用柴油机在进行型式检验时的台架测试污染物排放限值，如表 3-59 所示。第三阶段污染物排放限值的变化主要体现在 NO_x+HC 方面，加严 20%～40%，而 PM 只对 19～37 kW 和 8 kW 以下功率段有所加严，分别加严为 25%、40%。

表 3-58　耐久性试验要求

柴油机功率段/kW	转速/（r/min）	有效寿命/h	允许最短试验时间/h
$P_{max} \geqslant 37$	任何转速	8 000	2 000
$19 \leqslant P_{max} < 37$	非恒速	5 000	1 250
	恒速<3 000		
	恒速≥3 000	3 000	750
$P_{max} < 19$	任何转速		

表 3-59　非道路移动机械用柴油机排气污染物排放限值（国三）　　　单位：g/（kW·h）

额定功率 P_{max} /kW	CO	HC	NO_x	HC+NO_x	PM
$P_{max} > 560$	3.5	—	—	6.4	0.2
$130 \leqslant P_{max} \leqslant 560$	3.5	—	—	4.0	0.2
$75 \leqslant P_{max} < 130$	5.0	—	—	4.0	0.3
$37 \leqslant P_{max} < 75$	5.0	—	—	4.7	0.4
$P_{max} < 73$	5.5	—	—	7.5	0.6

（3）国四标准

《非道路移动机械用柴油机排气污染物排放限值及测量方法（中国第三、四阶段）》

（GB 20891—2014）提出了第四阶段的预告性要求，明确第四阶段实施时间另行规定。2020 年 12 月，生态环境部与国家市场监督管理总局联合发布了《非道路移动机械用柴油机排气污染物排放限值及测量方法（中国第三、四阶段）》（GB 20891—2014）修改单，并发布了其配套技术规范《非道路柴油移动机械污染物排放控制技术要求》（HJ 1014—2020），共同组成了非道路柴油机械国四标准。国四标准的具体细节内容将在后续问题中进行具体叙述。

非道路柴油机械排放限值发展历程如图 3-9 所示。

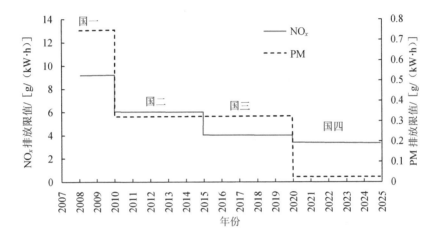

注：以 75 kW≤P_{max}＜130 kW 发动机为例。

图 3-9　非道路柴油机排放限值发展历程

81　三轮汽车污染物排放控制的要求是什么？

针对三轮汽车和低速货车的污染控制，2005 年发布了国家标准《三轮汽车和低速货车用柴油机排气污染物排放限值及测量方法（中国Ⅰ、Ⅱ阶段）》（GB 19756—2005），型式核准和生产一致性检查的排放限值分别如表 3-60、表 3-61 所示。

2020 年 12 月，生态环境部与国家市场监督管理总局联合发布了《非道路移动机械用柴油机排气污染物排放限值及测量方法（中国第三、四阶段）》（GB 20891—2014）修改单，并发布了其配套技术规范《非道路柴油移动机械污染物排放控制技术要求》（HJ 1014—2020），共同组成了非道路柴油机械国四标准。三轮汽车纳入非道路标准统一管理，执行非道路柴油机械国四标准。

表 3-60   型式核准试验排放限值   单位：g/（kW·h）

实施阶段	CO	HC	NO$_x$	PM
第一阶段	11.2	2.4	14.4	—
第二阶段	4.5	1.1	8.0	0.61

表 3-61   生产一致性检查试验排放限值   单位：g/（kW·h）

实施阶段	CO	HC	NO$_x$	PM
第一阶段	12.3	2.6	15.8	—
第二阶段	4.9	1.23	9.0	0.68

82   现行非道路柴油移动机械排放标准对前版标准进行了哪些方面的修订？

目前，非道路柴油移动机械大气污染物排放控制执行第四阶段标准，具体包括《非道路移动机械用柴油机排气污染物排放限值及测量方法（中国第三、四阶段）》（GB 20891—2014）及其修改单，以及配套技术规范《非道路柴油移动机械污染物排放控制技术要求》（HJ 1014—2020）。与国三标准相比，国四标准主要有以下几个方面的不同：

一是排放控制要求进一步加严。国四阶段污染物排放限值的变化主要体现在 PM 方面，除额定净功率 37 kW 以下的柴油机没有加严外，其余功率段加严 50%～93.75%。为解决非道路移动机械冒黑烟的问题，标准新增 PN 限值，规定其排放必须小于等于 $5×10^{12}$ 个/（kW·h）。

二是增加瞬态试验循环检测要求。国三标准时仅使用稳态测试循环检验发动机的排放状况，从国四阶段引入瞬态循环，该试验循环能更好地反映柴油机污染物排放的真实情况。

三是更加关注整机排放要求。新增车载法整机测试要求，对 37 kW 以上机械实际使用过程的污染物排放使用便携式排放测试系统（PEMS）进行测量，规定 90%以上有效功基窗口的 CO 和 NO$_x$ 的比排放量不应超过相应功率段限值的 2.5 倍。此外，参考欧盟标准要求，增加了柴油机非标准循环工况的测试方法及限值要求。

四是增加远程监控及定位要求。为保证排放控制系统在实际使用过程中始终正常发挥作用，防止用户在使用过程中恶意破坏拆除污染控制装置，参考欧Ⅳ法规提出排放控制系统远程监控要求，并向监管平台实时发送排放及定位相关数据。

五是给出指定的劣化系数。在标准制订过程中，通过分析大量柴油机劣化趋势特征数据，给出指定的劣化系数，明确企业可采用指定的劣化系数代替耐久实测劣化系数，大幅降低企业的测试费用和研发成本。

六是将三轮汽车纳入非道路标准统一管理。为推进三轮车行业技术升级，同时考虑三轮汽车与非道路农业机械发动机通用的实际情况，本着减轻企业研发和试验负担的原则，将三轮汽车纳入非道路移动机械第四阶段标准进行统一管理。

83　现行非道路柴油移动机械排放标准的适用范围是什么?

非道路柴油移动机械国四标准适用于以下（包括但不限于）机械及其装用的在非恒定转速下工作的柴油机的型式检验、生产一致性检查、排放达标检查、在用符合性检查和耐久性要求，如:

——工程机械（包括挖掘机械、铲土运输机械、起重机械、叉车、压实机械、路面施工与养护机械、混凝土机械、掘进机械、桩工机械、高空作业机械、凿岩机械等）;

——农业机械（包括拖拉机、联合收割机等）;

——林业机械;

——机场地勤设备;

——材料装卸机械;

——雪犁装备;

——工业钻探设备。

还适用于以下（包括但不限于）机械及其装用的在恒定转速下工作的柴油机的型式检验、生产一致性检查、排放达标检查、在用符合性检查和耐久性要求，如:

——空气压缩机;

——发电机组;

——渔业机械（增氧机、池塘挖掘机等）;

——水泵。

三轮汽车及其装用的柴油机、额定净功率小于 37 kW 的船舶及其装用的柴油机也执行非道路柴油移动机械国四标准。

84　现行非道路柴油移动机械排放标准包括哪些试验项目?

根据功率段的不同，排放限值及试验方法均有差异。机械和柴油机机型（系族）进行型式检验时，要求进行的型式检验项目见表 3-62。

表 3-62　非道路移动机械用柴油机型式检验项目

标准循环	稳态循环 （NRSC）	气态污染物
		PM
		PN [1]
		NH₃ 浓度 [2]
		CO₂ 和油耗
	瞬态循环 （NRTC）[5]	气态污染物
		PM
		PN
		NH₃ 浓度 [2]
		CO₂ 和油耗
非标准循环 [6]	稳态单点测试	气态污染物
		PM
耐久性		
NOₓ 控制 [2,3]		
PM 控制 [4]		

注：[1] PN 测量适用于 37 kW≤P_{max}≤560 kW 的柴油机。
　　[2] 采用反应剂后处理系统需进行的检验项目。
　　[3] 采用 EGR 系统需进行的检验项目。
　　[4] 采用颗粒物后处理系统需进行的检验项目。
　　[5] 不适用于 P_{max}<19 kW 的单缸柴油机。
　　[6] 适用于电控燃油系统柴油机。

85　现行非道路柴油移动机械排放标准的排放限值是多少？

《非道路移动机械用柴油机排气污染物排放限值及测量方法（中国第三、四阶段）》（GB 20891—2014）修改单规定气态污染物及其颗粒物的排放加上指定的劣化系数，或乘以按照 HJ 1014—2020 确定的劣化系数后，结果不超过规定的限值。

表 3-63　非道路移动机械用柴油机排气污染物排放限值（国四）

额定功率 P_{max}/kW	CO/[g/(kW·h)]	HC/[g/(kW·h)]	NOₓ/[g/(kW·h)]	HC+NOₓ/[g/(kW·h)]	PM/[g/(kW·h)]	NH₃/ppm	PN/[个/(kW·h)]
P_{max}>560	3.5	0.40	3.5，0.67[a]	—	0.10		—
130≤P_{max}≤560	3.5	0.19	2.0	—	0.025		
56≤P_{max}<130	5.0	0.19	3.3	—	0.025	25[b]	5×10¹²
37≤P_{max}<56	5.0	—	—	4.7	0.025		
P_{max}<73	5.5	—	—	7.5	0.60		—

注：[a] 适用于可移动式发电机组用 P_{max}>900 kW 的柴油机。
　　[b] 适用于使用反应剂的柴油机。

86　现行非道路柴油移动机械排放标准从何时开始实施？

自 2022 年 12 月 1 日起，所有生产、进口和销售的 560 kW 以下（含 560 kW）非道路移动机械及其装用的柴油机应符合国四标准要求。560 kW 以上非道路移动机械及其装用的柴油机第四阶段实施时间另行公告。

87　和其他国家非道路柴油移动机械排放标准的排放控制水平对比情况如何？

非道路柴油移动机械国四标准的排放控制水平与技术要求，与欧盟非道路第四阶段、美国非道路第四阶段的过渡阶段是相当的，但也有些区别。主要区别有：

一是更加注重整机的实际排放。欧美标准仅针对非道路移动机械装用的柴油机，国四标准管控对象不仅包括非道路移动机械装用的柴油机，还增加了对非道路柴油移动机械的要求。

二是更加注重有效监管。非道路移动机械监管是全世界的难题，为实现对非道路移动机械有效监管，国四标准对 37 kW 以上 560 kW 以下非道路移动机械提出了定位及远程在线排放监控的要求，利用大数据分析，筛查高排放机械。

三是彻底解决冒黑烟问题。国四标准创新提出 PN 限值的要求，引导行业采用颗粒物捕集器（DPF），减少非道路移动机械 99% 以上的颗粒物排放。

第五章　新生产非道路汽油移动机械标准[1]

88　非道路汽油移动机械包括哪些？

按照功率划分，驱动非道路移动机械的功率≤19 kW 的点燃式发动机，通常称为小汽油机。小汽油机驱动的非道路移动机械，按应用领域分，主要包括农业机械、工程机械、园林机械、发电机组等。其中农业机械包括微耕机、插秧机、水泵、喷雾喷粉机等；工程机械包括振动平板夯、抹平机、混凝土切割机等；园林机械包括割灌机、打草机、吹吸风机、油锯、手推割草机、骑乘式割草机、绿篱机等。小汽油机驱动的非道路移动机械主要类别及代表产品详见表 3-64。

---

1 作者：姜艳，解淑霞。

表 3-64　小汽油机驱动的非道路移动机械示例

编号	主要类别	代表产品	产品图片
1	农业机械	微耕机	
2		插秧机	
3		水泵	
4		喷雾喷粉机	
5	工程机械	振动平板夯	
6		抹平机	
7		混凝土切割机	
8	园林机械	割灌机	

编号	主要类别	代表产品	产品图片
9	园林机械	打草机	
10		吹吸风机	
11		油锯	
12		手推割草机	
13		骑乘式割草机	
14		绿篱机	
15	发电机组	发电机组	
16	其他	高压清洗机	
17		扫雪机	

驱动非道路移动机械的功率＞19 kW 的点燃式发动机，典型应用领域包括工程、农业和园林，船用以及娱乐机械。工程、农业和园林领域主要包括叉车、发电机组、骑乘式抹平机、碎枝机、骑乘式割草机等；船用汽油机主要包括舷外机和水上摩托；娱乐机械主要包括全地形车（ATV）、非道路用摩托车、雪橇等，主要类别及代表产品详见主要应用范围见图 3-10。

叉车　　　　　　　ATV　　　　　　　雪地车　　　　　　　舷外机

发电机　　　　　　山地钻　　　　　骑乘式抹光机　　　　碎枝机

图 3-10　大型点燃式发动机驱动的非道路移动机械示例

89　非道路汽油移动机械排放标准的发展历程是怎样的？

我国于 2010 年 12 月 30 日由环境保护部、国家质量监督检验检疫总局发布《非道路移动机械用小型点燃式发动机排气污染物排放限值与测量方法（中国第一、二阶段）》（GB 26133—2010），该标准为首次发布，规定了净功率≤19 kW 的非道路移动机械用小型点燃式发动机第一、二阶段的排气污染物排放限值和测量方法，填补了该类产品没有国家排放标准的空白。

《非道路移动机械用小型点燃式发动机排气污染物排放限值与测量方法（中国第一、二阶段）》（GB 26133—2010）主要采用 GB/T 8190.4（idt ISO 8178）《往复式内燃机　排放测量　第 4 部分：不同用途发动机的试验循环》的运转工况，修改采用欧盟指令 97/68/EC 及其修正案 2002/88/EC《关于协调各成员国采取措施防治非道路移动机械用内燃机气体污染物和颗粒物排放的法律》以及美国法规 40CFR Part 90《非道路点燃式发动机排放控制》的相关技术内容。

《非道路移动机械用小型点燃式发动机排气污染物排放限值与测量方法（中国第一、二阶段）》（GB 26133—2010）要求，自 2011 年 3 月 1 日起，非手持式和手持式发动机型式核准实施第一阶段，自 2013 年 1 月 1 日起，非手持式发动机型式核准实施第二阶段，自 2015 年 1 月 1 日起，手持式发动机型式核准实施第二阶段。发动机的分类标准及第一阶段的排放限值分别见表 3-65 和表 3-66。第二阶段的具体要求将在后续问题中详细阐述。

表 3-65　发动机类别

发动机类别代号	工作容积 V/cm^3
SH1	$V<20$
SH2	$20 \leqslant V<50$
SH3	$V \geqslant 50$
FSH1	$V<66$
FSH2	$66 \leqslant V<100$
FSH3	$100 \leqslant V<225$
FSH4	$V \geqslant 225$

表 3-66　发动机排气污染物排放限值（第一阶段）　　　　单位：g/（kW·h）

发动机类别代号	污染物排放限值			
	CO	HC	NO_x	$HC+NO_x$
SH1	805	295	5.36	—
SH2	805	241	5.36	—
SH3	603	161	5.36	—
FSH1	519	—	—	50
FSH2	519	—	—	40
FSH3	519	—	—	16.1
FSH4	519	—	—	13.4

目前，对于净功率＞19 kW 的非道路移动机械用点燃式发动机尚无排放控制要求。因此关于新生产非道路汽油移动机械的后续问题，均针对净功率≤19 kW 的非道路移动机械用小型点燃式发动机进行阐述。

90 第二阶段非道路汽油移动机械排放标准和第一阶段标准相比有哪些不同?

目前,非道路汽油移动机械大气污染物排放控制执行第二阶段标准,即《非道路移动机械用小型点燃式发动机排气污染物排放限值与测量方法(中国第一、二阶段)》(GB 26133—2010)中的第二阶段排放控制要求。和第一阶段排放控制要求相比,第二阶段有以下几个方面的不同:

一是排放控制要求进一步加严。第二阶段与第一阶段相比全面加严了对 CO、HC、NO_x 等污染物的排放控制要求。

二是增加了耐久性的要求。对于耐久时间,标准规定按照发动机类别选择排放控制耐久期时间,具体要求如表 3-67 所示。

表 3-67 排放控制耐久期要求 单位:h

发动机类别	发动机类别代号	排放控制耐久期类别		
		1	2	3
手持式发动机	SH1	50	125	300
	SH2	50	125	300
	SH3	50	125	300
非手持式发动机	FSH1	50	125	300
	FSH2	125	250	500
	FSH3	125	250	500
	FSH4	250	500	1 000

91 现行非道路汽油移动机械排放标准的适用范围是什么?

非道路汽油移动机械国二标准适用于以下(包括但不限于)非道路移动机械用净功率≤19 kW 发动机的型式核准和生产一致性检查。

——草坪机;

——油锯;

——发电机;

——水泵;

——割灌机。

净功率>19 kW 但工作容积不大于 1 L 的发动机可参照该标准执行。

该标准不适用于下列用途的发动机：

——用于驱动船舶行驶的发动机；

——用于地下采矿或地下采矿设备的发动机；

——应急救援设备用发动机；

——娱乐用车辆，如雪橇、越野摩托车和全地形车辆；

——为出口而制造的发动机。

92　现行非道路汽油移动机械排放标准的排放限值是多少？

《非道路移动机械用小型点燃式发动机排气污染物排放限值与测量方法（中国第一、二阶段）》（GB 26133—2010）中的第二阶段排放限值如表 3-68 所示。

表 3-68　发动机排气污染物排放限值（第二阶段）　　　　单位：g/（kW·h）

发动机类别代号	污染物排放限值		
	CO	HC+NO_x	NO_x
SH1	805	50	
SH2	805	50	
SH3	603	72	
FSH1	610	50	10
FSH2	610	40	
FSH3	610	16.1	
FSH4	610	12.1	

试验采用 GB/T 8190 规定的 D2、G1、G2、G3 循环，根据发动机机型的主要用途选择试验循环。此外，标准要求制造企业采取措施保证发动机的生产一致性，并规定了监督检查方法。

93　现行非道路汽油移动机械排放标准从何时开始实施？

《非道路移动机械用小型点燃式发动机排气污染物排放限值与测量方法（中国第一、二阶段）》（GB 26133—2010）要求，自 2013 年 1 月 1 日起非手持式发动机型式核准实施第二阶段，自 2015 年 1 月 1 日起手持式发动机型式核准实施第二阶段。

对于按国二标准已获得型式核准的发动机或系族，其生产一致性检查自批准之日起执行。自上述型式核准执行日期之后一年起，所有制造和销售的发动机应符合国二标准的要求。

94 和其他国家非道路汽油移动机械排放标准的排放控制水平对比情况如何？

《非道路移动机械用小型点燃式发动机排气污染物排放限值与测量方法（中国第一、二阶段）》（GB 26133—2010）与美国国家环境保护局（EPA）和欧盟小汽油机排放标准总体上协调一致，充分借鉴欧美小汽油机排放控制的有益经验，做好标准内容的协调一致，便利相关产品的进出口贸易。与此同时，GB 26133—2010 第一阶段和第二阶段实施间隔要短于美国和欧盟，排放控制进程快。并结合我国的实际情况，在发动机分类、尾气排放限值、测试循环、基准燃料等方面有所不同。具体区别包括：

（1）发动机分类

我国现行的 GB 26133—2010 标准第二阶段的发动机分类方式与美国和欧盟第二阶段本质上是一致的，只是根据各国的习惯，表达方式不同。美国 EPA 第三阶段排放标准的分类方式与第二阶段分类方式相比，将发动机类别从 7 类简化成 5 类，特别是针对非手持式发动机变成 80 mL 和 225 mL 两个排量分界点。对于欧盟第五阶段排放标准而言，将发动机类别从 7 类简化成 6 类，其中手持式发动机只以 50 mL 为界分成两个类别，非手持式发动机增加速度模式的分档要素。

（2）尾气排放限值

我国现行的 GB 26133—2010 标准第二阶段的发动机排放限值与欧盟第二阶段一致，与美国标准的唯一区别在于，对于所有类别的发动机，针对 NO_x 排放有单独不超过 10 g/（kW·h）的要求。

（3）测试循环

我国现行的 GB 26133—2010 标准第二阶段的发动机排放测试循环与美国 EPA 第二阶段一致，与欧盟第二阶段有点小区别，即国内排放测试循环第一点为最大功率点，而欧盟第二阶段排放测试循环第一点为额定功率点。

美国 EPA 第三阶段的排放测试循环与第二阶段的测试循环一致，欧盟第五阶段的排放测试循环与第二阶段有一点小的区别，将排放测试第一工况点由最大功率点替换原第二阶段标准所规定的额定功率点，与美国 EPA 第三阶段的排放测试循环一致。

（4）基准燃油

世界各国和地区在制定环保标准时，都会根据各自石化行业发展水平来确定排放测试基准燃油，会对满足新标准的燃油进行评估，进而确定新的基准燃油。我国现行的

GB 26133—2010 所要求的基准燃油是满足 GB 18352.3—2005 的相关要求，与美国 EPA 和欧盟都不一致。主要差异表现在燃油蒸发压力和硫元素的含量。

95 非道路汽油移动机械的主要达标技术有哪些？

国内小汽油机主要机型集中在 FSH3、FSH4 和 SH2 三类，即手持发动机排量在 20～50 mL，非手持发动机排量在 100 mL 以上。其中，SH2 类发动机主要为二冲程汽油机，FSH3 和 FSH4 类发动机主要为四冲程汽油机。

对二冲程汽油机而言，国一和国二阶段的 HC+NO_x 排放控制是核心问题。此类发动机通常配套手持园林机械，工具距离人体较近，因此对舒适性要求较高。第一阶段实施后，二冲程发动机企业通过优化扫气过程，如优化扫气定时和排气定时等即可满足标准限值。第二阶段标准实施后，相对第一阶段，HC+NO_x 排放限值降低约 80%。通常采用两种技术措施可以满足标准要求：一是采用机内净化——分层扫气技术，改变传统二冲程扫气方式，将传统的均质混合气扫气改为以空气或较稀的混合气为先导，随后跟进浓混合气的扫气方式。这样做可以大幅降低逃逸混合气引发的 HC 排放，甚至在不采用后处理器的情况下，即可满足排放法规限值要求，同时降低了发动机油耗。二是采用机外净化——后处理技术，加装氧化性催化器，将未燃 HC 氧化为 H_2O 和 CO_2，以减少直接排入大气环境中的未燃 HC。通过上述两种技术措施，二冲程汽油机均可满足我国第二阶段排放标准要求。

四冲程发动机中，FSH2 和 FSH3 类小汽油机两阶段 HC+NO_x 排放限值没有变化，FSH4 类通机限值略有加严。四冲程发动机因采用了气门机构，其 HC 排放比二冲程发动机低很多，因此排放控制重点在于 HC 与 NO_x 的同时控制。一般情况下，HC 与 NO_x 成折中关系，因此一般采用较浓的混合气来降低缸内燃烧温度，进而减少 NO_x 生成（NO_x 生成条件为高温富氧），并通过燃烧室形状的优化，来减少未燃 HC 的生成。此外，四冲程发动机中的 HC 还有可能来自曲轴箱和气门处的窜气，提高缸体圆柱度及气门座圈的加工精度，做好产品一致性控制也是企业在标准实施后采用的排放控制措施。适度推迟点火提前角可以降低缸内燃烧温度，进而减少 NO_x 排放，而且推迟点火后，后燃和排气温度增加，有利于膨胀过程中未燃 HC 的进一步氧化，是减少 NO_x 和 HC 的有效技术措施。由于四冲程发动机通常采用 6 点工况进行排放测试，因此，精确控制 6 个工况点的空燃比，使每个工况点均工作在最低的 HC+NO_x 也十分重要。围绕混合气浓度的精确控制，一方面可以提高化油器在各个工况点的供油精度，提高产品稳定性和生产一致性；另一方面通过开展电控化油器和电喷系统的研发，在每个工况点都进行最佳空燃比的匹配，减少化油器供油方式带来的不稳定性。

第六章　新生产船舶标准[1]

96　国际上对船舶污染控制的通行做法有哪些？

船舶从航行区域上可划分为国际远洋航行船舶和国内航行船舶，需满足不同的标准和管理要求。

对于国际远洋航行船舶，我国作为国际海事组织（International Marine Organization，IMO）A 类理事国，往来的远洋船舶统一执行国际公约。另外，为了减少远洋船舶的排放影响，国际公约规定各国政府可以向 IMO 申请设立排放控制区（ECA）。在 ECA，远洋船舶的污染控制要求严于国际公约，进入该区域的远洋船舶需要切换至低硫燃油和具备符合要求的后处理设施。

对于国内航行船舶（包括内河船、沿海船、江海直达船、海峡[渡]船和各类渔船等），由各国自行立法监督管理。对船舶大气污染物的排放控制，国际上均是以船用发动机为主体进行控制，通过型式核准、生产一致性检查、在用符合性检查等环境管理方式实现对船舶大气排放污染控制。欧美均对国内船舶规定了严于国际公约的排放标准。我国于 2016 年首次发布了船舶大气污染物排放标准。

97　国际公约的具体要求有哪些？

1995 年 9 月在伦敦召开的国际海事组织第 37 次会议（M EPC37）上，联合国环境与发展组织正式提出 MARPOL 73/78/附则Ⅵ《防止船舶造成大气污染规则》。MARPOL 73/78 公约，即《经 1978 年议定书修订的 1973 年国际防止船舶造成污染公约》，2005 年 5 月 19 日生效。

MARPOL 73/78 公约附则Ⅵ对氮氧化物的排放控制要求分为三个阶段，目前执行第 2 阶段，第 3 阶段只适用于对 ECA 的要求，具体要求见表 3-69。

---

1 作者：王晟，谷雪景。

表 3-69　排放限值

发动机额定转速 n /（r/min）	第 1 阶段	第 2 阶段	第 3 阶段
	NO_x /［g/（kW·h）］		
$n < 130$	17.0	14.4	3.4
$130 \leqslant n < 2\,000$	$45 \times n^{-0.2}$	$44 \times n^{-0.23}$	$9 \times n^{-0.2}$
$n \geqslant 2\,000$	9.8	7.7	2.0

MARPOL 73/78 公约附则Ⅵ通过对燃料中硫含量的限制控制 SO_x 排放。自 2020 年 1 月 1 日起，在世界范围内燃料的硫含量上限从 3.5% 降低至 0.5%。自 2015 年 1 月 1 日起，SO_x 排放控制区的船用燃料硫含量上限要求为 0.1%。具体限值见表 3-70 和表 3-71。

表 3-70　船用燃料硫含量（质量分数）要求

实施日期	一般要求
2012 年 1 月 1 日前	低于 4.5%
2012 年 1 月 1 日起	低于 3.5%
2020 年 1 月 1 日起	低于 0.5%

表 3-71　SO_x 排放控制区船用燃料硫含量（质量分数）要求

实施日期	硫含量要求
2010 年 7 月 1 日前	低于 1.5%
2010 年 7 月 1 日起	低于 1.0%
2015 年 1 月 1 日起	低于 0.1%

98　我国船舶排放标准的发展历程是怎样的？

2016 年 8 月 22 日，环境保护部和国家质检总局联合发布《船舶发动机排气污染物排放限值及测量方法（中国第一、二阶段）》（GB 15097—2016）。该标准为首次发布，规定了船舶装用的压燃式发动机、点燃式气体燃料及双燃料发动机排气污染物排放限值及测量方法，还规定了船舶使用燃料的要求以及船舶和船机实施大修后的排放要求，填补了船舶发动机没有国家排放标准的空白。

《船舶发动机排气污染物排放限值及测量方法（中国第一、二阶段）》（GB 15097—2016）的技术内容主要采用欧盟指令 97/68/EC（2004/26/EC）《关于协调各成员国采取措施防治非道路移动机械用压燃式发动机气态污染物和颗粒物排放的法律》有关船机的技术内容，第二阶段的排放限值要求参照美国 EPA 法规 40 CFR PART 1042《压燃式船用发动机排放控制》及 40 CFR PART 94《压燃式船用发动机排放控制》的相关规定。

《船舶发动机排气污染物排放限值及测量方法（中国第一、二阶段）》（GB 15097—2016）对发动机排气污染物中 CO、HC+NO$_x$、CH$_4$、PM 规定了排放控制要求，第一阶段的排放限值见表 3-72。第二阶段的具体要求将在后续问题中详细阐述。

表 3-72　船机排气污染物第一阶段排放限值　　　　单位：g/（kW·h）

船机类型	单缸排量（SV）/（L/缸）	额定净功率（P）/kW	CO	HC+ NO$_x$	CH$_4$[(1)]	PM
第 1 类	SV＜0.9	P≥37	5.0	7.5	1.5	0.40
	0.9≤SV＜1.2		5.0	7.2	1.5	0.30
	1.2≤SV＜5		5.0	7.2	1.5	0.20
第 2 类	5≤SV＜15		5.0	7.8	1.5	0.27
	15≤SV＜20	P＜3 300	5.0	8.7	1.6	0.50
		P≥3 300	5.0	9.8	1.8	0.50
	20≤SV＜25		5.0	9.8	1.8	0.50
	25≤SV＜30		5.0	11.0	2.0	0.50

注：[(1)] 仅适用于 NG（含双燃料）船机。

根据船机的不同用途，排气污染物测量方法采用四工况、五工况或八工况进行。各污染物的排放结果计算可以使用标准指定的劣化系数，也可以根据标准方法确定劣化修正值。标准对船机的耐久性、在用符合性、硫氧化物排放、生产一致性及大修、更换也作出了要求。

99　船舶排放标准对船用燃料提出哪些要求？

《船舶发动机排气污染物排放限值及测量方法（中国第一、二阶段）》（GB 15097—2016）中没有规定 SO$_2$ 的排放限值，对 SO$_2$ 的控制是通过控制船舶使用的燃料来实现的。

标准中对船舶使用燃料作出了规定：①内河船、江海直达船和在内河作业的渔业船舶，应使用符合 GB 252 标准的柴油；②沿海船、海峡[渡]船和在近海作业的渔业船舶，若船机设计需要使用船用燃料油，应使用符合国家标准及法规规定的低硫船用燃料油。

上述船用燃料的规定，不仅适用于新生产的船舶，也适用于正在使用的所有船舶。

100 第二阶段船舶排放标准和第一阶段标准相比有哪些不同？

目前，船舶发动机大气污染物排放控制执行第二阶段标准，即《船舶发动机排气污染物排放限值及测量方法（中国第一、二阶段）》（GB 15097—2016）中的第二阶段排放控制要求。和第一阶段排放控制要求相比，第二阶段的排放控制要求进一步加严。第二阶段的排放控制要求和第一阶段相比较，HC+NO_x 总体加严了 20% 以上，PM 加严了 40%。

101 现行船舶排放标准的适用范围是什么？

《船舶发动机排气污染物排放限值及测量方法（中国第一、二阶段）》（GB 15097—2016）适用于具有中国船籍在我国水域航行或作业的船舶（如内河船、沿海船、江海直达船、海峡[渡]船和各类渔船）装用的额定净功率＞37 kW 的第 1 类和第 2 类船用发动机。其中第 1 类指额定净功率≥37 kW 并且单缸排量＜5 L 的船机；第 2 类指单缸排量≥5 L 且＜30 L 的船机。

标准规定了上述船用发动机（包括主机和辅机）的型式检验、生产一致性检查和排放耐久性要求，也规定了船舶和船机实施大修后的排放要求。适用于船机的销售、进口和投入使用环节以及船舶的销售、进口和登记环节。

单缸排量≥30 L 的船机属于第 3 类船机，执行《船用柴油机氮氧化物排放试验及检验指南》（GD 01）的要求。

额定净功率不超过 37 kW 的小型船舶的发动机执行非道路移动机械排放标准（GB 20891）。

该标准控制范围不包括远洋船舶。远洋运输船舶执行防止船舶污染国际公约（MARPOL 公约）的规定。

另外，该标准不适用于船舶装用的应急船机、安装在救生艇上或只在应急情况下使用的任何设备或装置上的船机，也不包括游艇等装用的汽油机。

102 现行船舶排放标准的排放限值是多少？

目前执行《船舶发动机排气污染物排放限值及测量方法（中国第一、二阶段）》（GB 15097—2016）中的第二阶段排放限值，如表 3-73 所示。

表 3-73　船机排气污染物第二阶段排放限值　　　　单位：g/（kW·h）

船机类型	单缸排量（SV）/（L/缸）	额定净功率（P）/kW	CO	HC+NO$_x$	CH$_4$[1]	PM
第 1 类	SV<0.9	P≥37	5.0	5.8	1.0	0.30
	0.9≤SV<1.2		5.0	5.8	1.0	0.14
	1.2≤SV<5		5.0	5.8	1.0	0.12
第 2 类	5≤SV<15	P<2 000	5.0	6.2	1.2	0.14
		2 000≤P<3 700	5.0	7.8	1.5	0.14
		P≥3 700	5.0	7.8	1.5	0.27
	15≤SV<20	P<2 000	5.0	7.0	1.5	0.34
		2 000≤P<3 300	5.0	8.7	1.6	0.50
		P≥3 300	5.0	9.8	1.8	0.50
	20≤SV<25	P<2 000	5.0	9.8	1.8	0.27
		P≥2 000	5.0	9.8	1.8	0.50
	25≤SV<30	P<2 000	5.0	11.0	2.0	0.27
		P≥2 000	5.0	11.0	2.0	0.50

注：[1] 仅适用于 NG（含双燃料）船机。

103　现行船舶排放标准从何时开始实施？

《船舶发动机排气污染物排放限值及测量方法（中国第一、二阶段）》（GB 15097—2016）要求：从 2018 年 7 月 1 日开始实施第一阶段排放标准，所有进行型式检验的新发动机应满足第一阶段标准要求，自 2019 年 7 月 1 日起，所有销售、进口和投入使用的船机应达到第一阶段排放标准要求。第二阶段从 2022 年 7 月 1 日开始全面实施。

104　和其他国家船舶排放标准的排放控制水平对比情况如何？

《船舶发动机排气污染物排放限值及测量方法（中国第一、二阶段）》（GB 15097—2016）的第一阶段标准和欧盟的第一阶段、美国的第二阶段基本一致；第二阶段和美国的第三阶段基本一致。从标准的实施时间上看，GB 15097—2016 和欧美有 8～10 年的差距。

对于 2.5 L≤SV<5 L 的 C1 类船机，一般为高速船机。排放限值要求和实施日期的比较见图 3-11。

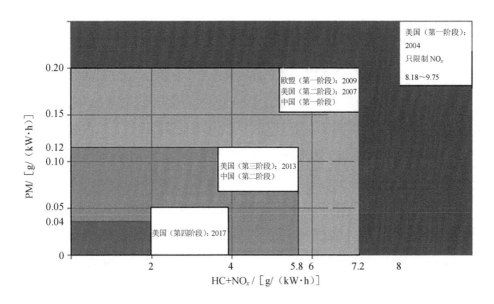

图 3-11　C1 类船机（2.5≤SV＜5）的排放限值要求和实施日期比较

对于 5 L≤SV＜15 L 的 C2 类船机，一般为中速船机。排放限值要求和实施日期的比较见图 3-12。

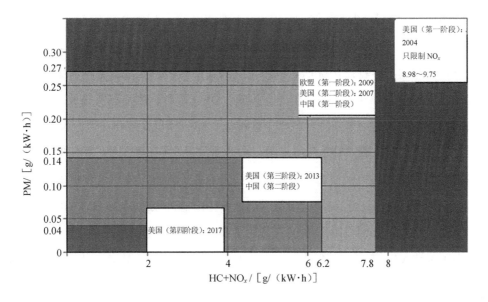

图 3-12　C2 类船机（5≤SV＜15）的排放限值要求和实施日期比较

105 船舶发动机的主要达标技术有哪些？

按照《船舶发动机排气污染物排放限值及测量方法（中国第一、二阶段）》（GB 15097—2016）的要求，达到该标准第一阶段要求，若不改变燃油系统，通过增加中冷器散热面积，提高增压压力，采用废气再循环装置（EGR），优化喷射等技术改善机内燃烧可以达标；还可以将燃油供给系统电控化，由机械泵改为电控燃油喷射，满足标准排放控制要求。

该标准第二阶段的排放控制要求和第一阶段相比较，HC+NOₓ总体加严了 20%以上，PM 加严了 40%。要达到第二阶段要求，可通过增压中冷（更高增压压力和更高效水-空中冷）、发动机燃烧系统和进气系统的结构进一步优化改进、发动机喷油正时调整、废气再循环装置等改善机内燃烧技术，必要情况下采用选择性催化还原装置（SCR）等后处理措施。

第七章　在用车和在用机械标准[1]

106 在用汽油车排放标准的主要内容有哪些？

2018 年 9 月 27 日，生态环境部、国家市场监督管理总局联合发布《汽油车污染物排放限值及测量方法（双怠速法及简易工况法）》（GB 18285—2018）。该标准规定了点燃式发动机汽车双怠速法、稳态工况法、瞬态工况法和简易瞬态工况法四种污染物排气测量方法和排放限值。同时规定了汽油车外观检验、OBD 检查、燃油蒸发排放控制系统检测的方法和判定依据。适用于新生产汽车下线检验、注册登记检验和在用汽车检验。

针对在用汽油车检验，国外普遍采用双怠速法测量。美国在 1994 年研究开发了机动车尾气排放简易工况法检测技术，并于 2003 年后在美国推广使用这种技术。欧洲也在 2000 年后逐步使用了简易工况法。简易工况法分为瞬态加载工况法（IM240）、稳态加载加速工况法（ASM）和简易瞬态加载工况法（VMAS）。除双怠速法、稳态工况法 ASM、简易瞬态工况法 VMAS 外，该标准还规定了更为严格的瞬态工况法，限值更为严格，同时增加了对 NOₓ排放限值的规定。

该标准为修订标准，主要修订内容包括：加严了污染物排放限值，并提出了较为严格的限值 b；增加了外观检验、车载诊断（OBD）系统检查、燃油蒸发检测等内容；增加检验项目和检验流程；增加了检测记录项目和检测软件要求；明确环保监督抽测内容

1 作者：谢琼，赵莹。

和方法。汽车环保检验项目如表 3-74 所示，标准规定了限值 a（具体见表 3-75）和 b 两类，自 2019 年 5 月 1 日起实施限值 a，限值 b 在全国范围的实施时间，将由国务院生态环境主管部门另行发布。

表 3-74　检验项目

检验项目	新生产汽车下线	进口车入境	注册登记[1]	在用汽车[1]
外观检验（含对污染控制装置的检查和环保信息随车清单检查）	进行	进行	进行	进行[2]
车载诊断（OBD）系统检查	进行	进行	进行	进行[3]
排气污染物检测	抽测[4]	抽测[4]	进行	进行[5]
燃油蒸发检测	不进行	不进行	按照标准中具体规定进行	按照标准中具体规定进行

注：[1] 符合免检规定的车辆，按照免检相关规定进行。
　　[2] 查验污染控制装置是否完好。
　　[3] 适用于装有 OBD 的车辆。
　　[4] 混合动力汽车的污染物排放抽测应在最大燃料消耗模式下进行。
　　[5] 变更登记、转移登记检验按有关规定进行。

表 3-75　排气污染物排放限值

检测方法		CO	HC[1] /10^{-6}	NO /10^{-6}	HC+NO$_x$	NO$_x$
双怠速法	怠速	0.6%	80	—	—	—
	高怠速	0.3%	50	—	—	—
稳态工况法	ASM5025	0.50%	90	700	—	—
	ASM2540	0.40%	80	650	—	—
瞬态工况法		3.5 g/km	—	—	1.5 g/km	—
简易瞬态工况法		8.0 g/km	1.6 g/km	—	—	1.3 g/km

注：[1] 对以天然气为燃料点燃式发动机汽车，该项目为推荐性要求。

107　在用柴油车排放标准的主要内容有哪些?

2018 年 9 月 27 日，生态环境部、国家市场监督管理总局联合发布《柴油车污染物排放限值及测量方法（自由加速法及加载减速法）》（GB 3847—2018）。该标准规定了压燃式发动机汽车自由加速法和加载减速工况法两种排气污染物测量方法和排放限值，规定了新生产和在用压燃式发动机汽车检验项目和检验流程。适用于新生产车辆下线检验、注册登记检验和在用汽车检验，不适用于低速货车和三轮汽车。

目前，国际上对在用柴油车测量方法以自由加速烟度为主，但自由加速烟度法仍是一种空载状态下的测量方法，对于车辆有负载时的排放情况仍然难以反映出来，尤其是对于采用涡轮增压技术的柴油车，因为其比自然吸气式的柴油车需要更长的起效时间。而且自由加速法对测量过程中油门是否踩到底缺乏量化的测量指标，对检测过程中的弄虚作假无法控制。GB 3847—2018 制定中增加了采用了加载减速方法来测量柴油车烟度，同时增加了对 NO_x 排放限值的要求，对柴油车的要求与国际上同类标准相比更为严格。

该标准为修订标准，主要修订内容包括：加严了污染物排放限值，并提出了较为严格的限值 b；增加了外观检验、车载诊断（OBD）系统检查等内容；增加检验项目和检验流程；增加了氮氧化物排放限值及测量方法，并调整了烟度限值；增加了检测记录项目和检测软件要求；明确环保监督抽测内容和方法；删除了关于压燃式发动机以及新生产汽车型式核准的要求。汽车环保检验项目如表 3-76 所示，标准规定了限值 a 和限值 b 两类（具体见表 3-77），自 2019 年 5 月 1 日起实施限值 a，限值 b 在全国范围的实施时间，将由国务院生态环境主管部门另行发布。

表 3-76　检验项目

检验项目	新生产汽车下线	进口车入境	注册登记[1]	在用汽车[1]
外观检验（含对污染控制装置的检查和环保信息随车清单检查）	进行	进行	进行	进行[2]
车载诊断（OBD）系统检查	进行	进行	进行	进行[3]
排气污染物检测	抽测[4]	抽测[4]	进行	进行[5]

注：[1] 符合免检规定的车辆，按照免检相关规定进行。
　　[2] 查验污染控制装置是否完好。
　　[3] 适用于装有 OBD 的车辆。
　　[4] 混合动力汽车的污染物排放抽测应在最大燃料消耗模式下进行。
　　[5] 变更登记、转移登记检验按有关规定进行。

表 3-77　在用汽车和注册登记排放检验排放限值

类别	自由加速法	加载减速法		林格曼黑度法
	光吸收系数/m⁻¹（或不透光度/%）	光吸收系数[1]/m⁻¹（或不透光度/%）	NO_x[2]/10^{-6}	林格曼黑度/级
限值 a	1.2（40）	1.2（40）	1 500	1
限值 b	0.7（26）	0.7（26）	900	

注：[1] 海拔高度高于 1 500 m 的地区加载减速法可以按照每增加 1 000 m 增加 0.25 m⁻¹ 幅度调整，总调整不得超过 0.75 m⁻¹。
　　[2] 2020 年 7 月 1 日前限值 b 过渡限值为 $1\,200 \times 10^{-6}$。

108　在用摩托车排放标准的主要内容有哪些？

2011 年 10 月 1 日，环境保护部、国家质量监督检验检疫总局联合发布《摩托车和轻便摩托车排气污染物排放限值及测量方法（双怠速法）》（GB 14621—2011），规定了摩托车和轻便摩托车在在怠速工况和高怠速工况下的 CO 和 HC 排放的测量方法和限值。适用于装有点燃式发动机的摩托车和轻便摩托车的型式核准、生产一致性检查和在用车的排气污染物检查。在用摩托车和轻便摩托车双怠速法排放限值如表 3-78 所示。

表 3-78　双怠速法在用车排放限值

实施要求和日期	工况			
	怠速工况		高怠速工况	
	CO/%	HC/10^{-6}	CO/%	HC/10^{-6}
2003 年 7 月 1 日前生产的摩托车和轻便摩托车（二冲程）	4.5	8 000	—	—
2003 年 7 月 1 日前生产的摩托车和轻便摩托车（四冲程）	4.5	2 200	—	—
2003 年 7 月 1 日起生产的摩托车和轻便摩托车（二冲程）	4.5	4 500	—	—
2003 年 7 月 1 日起生产的摩托车和轻便摩托车（四冲程）	4.5	1 200	—	—
2010 年 7 月 1 日起生产的两轮摩托车和两轮轻便摩托车	3.0	400	3.0	400
2011 年 7 月 1 日起生产的三轮摩托车和三轮轻便摩托车				

注：(1) 污染物含量为体积分数。

(2) HC 体积分数值按正己烷当量计。

该标准是对《摩托车和轻便摩托车排气污染物排放限值及测量方法（怠速法）》（GB 14621—2002）的修订。修订的主要内容是增加了高怠速的测量方法及排放限值。

另外，针对在用摩托车的排气烟度排放控制，执行 2005 年由国家环境保护总局和国家质量监督检验检疫总局联合发布的《摩托车和轻便摩托车排气烟度排放限值及测量方法》（GB 19758—2005）。该标准规定，用急加速法测量时，不透光度 N 的排放限值不超过表 3-79 的要求。

表3-79　排气烟度排放限值

排气试验类别		排放限值 N /%
型式核准		15
生产一致性检查		
在用车排放检查	2006 年 7 月 1 日起生产的车辆	30
	2006 年 7 月 1 日前生产的车辆	40

109　在用机械排放标准的主要内容有哪些?

2018 年 9 月 27 日,生态环境部、国家市场监督管理总局联合发布《非道路移动柴油机械排气烟度限值及测量方法》(GB 36886—2018)。该标准为首次制订,规定了非道路柴油移动机械和车载柴油机设备的排气烟度限值及测量方法。适用于在用非道路柴油移动机械和车载柴油机设备的排气烟度检验。标准明确了非道路柴油移动机械实际工作状态下烟度测量方法,采用不透光烟度法和林格曼烟度法。为满足各地落实《中华人民共和国大气污染防治法》关于划定禁止使用高排放非道路移动机械区域的规定,该标准按照非道路柴油移动机械的排放阶段设定不同排放限值,并针对低排放控制区要求制订了更加严格的排放限值,具体限值如表 3-80 所示。该标准自 2018 年 12 月 1 日起实施。

表3-80　排气烟度限值

类别	额定净功率(P_{max})/kW	光吸收系数/m^{-1}	林格曼黑度级数
I 类	$P_{max} < 19$	3.00	1
	$19 \leqslant P_{max} < 37$	2.00	
	$37 \leqslant P_{max} \leqslant 560$	1.61	
II 类	$P_{max} < 19$	2.00	1(不能有可见烟)
	$19 \leqslant P_{max} < 37$	1.00	
	$P_{max} \geqslant 37$	0.80	
III 类	$P_{max} \geqslant 37$	0.50	1(不能有可见烟)
	$P_{max} < 37$	0.80	

注：GB 20891—2007 第二阶段及以前阶段排放标准的非道路柴油移动机械,执行 I 类限值。
　　GB 20891—2007 第三阶段及以后阶段排放标准的非道路柴油移动机械,执行 II 类限值。
　　城市人民政府可以根据大气环境质量状况,划定并公布禁止使用高排放非道路柴油移动机械的区域,限定区域内可选择执行III类限值。

该标准参照采用欧洲委员会指令 77/537/EEC《关于各成员国测量农用或林用轮式拖拉机用柴油机污染物排放的法律》和《车用压燃式发动机和压燃式发动机汽车排气烟度

排放限值及测量方法》（GB 3847—2018）的相关技术内容。目前国际上对非道路柴油机械的排放控制，以新生产柴油机排放控制为主，采用型式核准和生产一致性检查的方法对新生产非道路柴油机进行排放控制，还没有关于在用非道路移动机械排放控制的相关法规。

第八章　其他[1]

110　对移动源排放标准的发展有哪些建议？

一是继续降低污染物排放。进一步控制轻型车挥发性有机物（VOCs）、重型车和非道路移动机械 NO_x 及 PM 排放，特别是在实际行驶（使用）过程中的污染排放。由于新技术的应用，还应关注 NH_3 等非常规污染物排放，以及电动车电池耐久性要求等。关注由于刹车磨损和轮胎磨损产生的非尾气颗粒物排放，非尾气颗粒物排放已成为国际控制机动车颗粒物排放的重要内容。

二是建立移动源低碳标准体系。目前，我国尚未建立移动源碳排放的法规体系，缺少碳排放标准和低碳燃料标准体系。碳排放管理主要通过控制车辆燃料消耗量间接管控。欧盟在"低碳 55"（Fit for 55）一揽子减排计划中提出到 2030 年，各车企新售乘用车和轻型商用车平均碳排放量较 2021 年分别降低 55% 和 50%，到 2035 年降低 100%，即实现"零碳"排放。美国 EPA 和美国国家公路交通安全管理局（NHTSA）共同制定了车辆燃料经济性和温室气体排放标准，提出了平均油耗及平均温室气体排放目标值。借鉴发达国家和地区的经验，应尽快完善移动源低碳标准体系。

111　移动源大气污染物排放标准的实施评估是否有规范性要求？

污染物排放标准作为实施环境管理的重要技术依据，在移动源环境管理过程中发挥了重要作用。随着移动源污染问题日益突出，环境管理需求对移动源排放标准提出了更高要求。及时开展标准的实施评估工作，对于全面掌握标准实施的情况及存在的问题，为后续标准修订、标准复审提供关键性的依据具有重要意义。生态环境部正在组织制订国家生态环境标准《国家移动源大气污染物排放标准实施评估技术导则》，将规定移动源排放标准实施评估的内容、方法和具体要求。

---

1 作者：谷雪景。

附件 A

移动源大气污染物排放标准编制说明内容与格式要求

A.1 项目背景

A.1.1 任务来源

（1）标准制订项目列入生态环境部计划的年度及下达计划的文件号。

（2）标准制订项目的承担单位、参加单位的全称。

A.1.2 工作过程

（1）任务下达后标准编制组所开展的相关调查、研究工作。

（2）标准开题论证、征求意见、技术审查等各关键节点及其他有关节点的情况。

A.2 行业概况

A.2.1 行业在我国的发展概况

（1）行业规模现状，包括产能和年产量、年总产值（占全国工业年总产值的比例）、企业数量、企业规模等。

（2）行业内企业地理分布，以表、图形式说明企业在各省、区域等分布状况。

（3）行业主要产品状况。

（4）行业产品市场供应、进出口状况（我国占世界产量的比例等）。

（5）行业发展趋势预测。

（6）其他需要说明的问题。

A.2.2 行业在其他国家和地区发展概况

（1）行业内企业数量及地理分布状况（美国、欧盟、日本等国家和地区）。

（2）行业主要产品年产量及产能。

（3）行业产品市场供应、进出口情况。

（4）行业发展趋势预测。

（5）其他需要说明的问题。

A.3　制订的必要性分析

A.3.1　国家及生态环境主管部门的相关要求

（1）国家对生态环境和本行业的最新要求。

（2）国民经济和社会发展五年规划中有关本行业的要求。

（3）国家生态环境保护五年规划中有关本行业的要求。

（4）生态环境部门其他有关文件中有关本行业的要求。

A.3.2　国家相关产业政策及行业发展规划中的生态环境要求

（1）行业发展规划。

（2）行业产业政策。

（3）行业准入政策等。

A.3.3　行业发展带来的主要生态环境问题

（1）行业氮氧化物、颗粒物、碳氢化合物、一氧化碳等主要污染物的排放量。

（2）行业主要污染物排放量占全国污染物排放总量的比例（以图、表等形式表达）。

（3）行业温室气体（如二氧化碳、甲烷、氧化亚氮等）排放情况。

A.3.4　现行标准存在的主要问题

（1）行业执行的现行标准的名称及编号。

（2）分析现行标准是否满足当前生态环境标准制订的思路与要求。

（3）分析现行标准的排放控制项目、受控项目种类、标准限值、管理要求、测试方法、实施时间等是否满足生态环境管理工作需求。

（4）其他需要说明的问题。

A.4　行业污染防治技术的现状分析

（1）行业目前大气污染物治理情况（主要治理技术种类以及投入成本、维护成本等）。

（2）针对各排放污染物的各类排放控制技术的最新进展。

（3）各类技术的适用条件、处理效率、经济成本、应用情况、优缺点对比等。

（4）工程实例。

A.5 制订标准的技术路线

（1）制订标准所考虑的主要因素。

（2）制订标准采用的技术路线（绘制技术路线图）。

A.6 标准主要技术内容及确定依据

A.6.1 标准适用范围

（1）叙述本标准的适用范围及依据。

（2）说明本标准不适用的情况及依据。

（3）（如有）叙述本标准与其他标准的衔接关系。

A.6.2 标准结构框架

（1）标准文本包括的主要章节内容。

（2）标准附录（如有）的主要内容。

A.6.3 术语和定义

（1）列出本标准采用的术语和定义，并与现行标准进行比较。

（2）注明术语和定义的出处。

A.6.4 排放控制项目的选择

（1）全面分析污染物来源。

（2）针对不同来源，明确排放控制项目及相关的达标要求。

A.6.5 受控项目的选择

（1）全面分析并列出本行业可能产生的主要污染物及温室气体（需覆盖全面，不能有重大漏项）。

（2）逐项详细分析标准中控制项目，说明选择、确定控制项目的主要依据。

A.6.6 标准限值的确定及依据

（1）逐项对每个限值的制订依据进行详细分析论证。

（2）逐项对每个限值的达标技术进行详细分析论证。

（3）与国内外相关标准的对比分析，给出对比图表。

A.6.7 其他管理要求的确定及依据

（1）其他管理要求的必要性。

（2）逐项对每类管理要求的制订依据进行详细分析论证。

A.6.8　测试方法的确定

（1）测试工况、测试方法的选择依据。

（2）对测试方法的验证结果。

A.6.9　与原标准的差异（修订标准时适用）

（1）修订的主要内容。

（2）与原标准的对比差异。

A.7　主要国家、地区及国际组织相关标准研究

A.7.1　主要国家、地区及国际组织相关标准

（1）控制历程（该行业在该国的发展情况，污染控制经验）。

（2）污染控制措施。

（3）相关法律、法规体系。

（4）控制技术（最佳可行技术等）。

（5）相关标准（需说明国外标准制定的年代）。

A.7.2　本标准与主要国家、地区及国际组织同类标准的对比

（1）本标准限值及污染控制水平与其他国家进行比较的情况，可采用图、表的方式定量或定性说明。

（2）阐明比较的结论。

A.8　实施本标准的成本效益分析

A.8.1　实施本标准的环境效益

（1）核算新增的排放源若执行原标准，在其全寿命周期内各污染物的排放量。

（2）基于行业在全国的发展趋势，分析新增的排放源若全部达到新标准，在其全寿命周期内各污染物的排放量。

（3）根据执行原标准和新标准的排放量，计算污染物排放削减量及削减比例。

（4）对于移动源污染贡献率较高的重点区域，分析说明新标准实施后对重点区域环境空气质量的改善效果。

（5）针对在用车标准的环境效益的测算，可参考上述内容进行，并重点分析标准制订对在用产品环境管理所带来的便利和效果。

A.8.2　实施本标准的成本分析

（1）充分论证达标技术路线。

（2）分析论证达标经济成本，包括技术投资、检测费用和其他成本三个部分。

（3）测算单位产品的价格增加量和价格上涨率，以及用户的接受程度。

（4）分析标准实施对污染治理技术进步所带来的相关附加产业发展的经济效益。

（5）分析标准实施对行业生产经营状况的影响。

A.9　标准实施建议

（1）新标准实施需配套的管理措施、实施方案建议。

（2）与新标准实施相关的科研建议。

（3）其他建议。

A.10　标准征求意见及对意见的处理情况（送审稿编制说明增加内容）

（1）标准征求意见和意见反馈情况，意见主要集中的几个方面及处理情况。

（2）附《国家生态环境标准征求意见情况汇总处理表》，逐条梳理反馈意见及采纳情况和原因。

A.11　标准送审稿技术审查的情况（报批稿编制说明增加内容）

（1）标准送审稿技术审查会情况，主要意见和协调处理情况，审议会纪要或函审结论表。

（2）标准技术审查时提出的修改意见和建议的协调处理情况。

A.12　标准行政审查情况（报部常务会议用）

标准部长专题会议审查情况，会议决定的标准修改、完善的要求落实情况。

附件 B

现行国家移动源大气污染物排放标准名录

序号	标准类别	编号	标准名称	标准发布时间	标准实施时间
1	新生产	GB 18352.6—2016	《轻型汽车污染物排放限值及测量方法（中国第六阶段）》	2016 年 12 月 23 日	2020 年 7 月 1 日
2	新生产	GB 19755—2016	《轻型混合动力电动汽车污染物排放控制要求及测量方法》	2016 年 8 月 22 日	2016 年 9 月 1 日
3	新生产	GB 18352.5—2013	《轻型汽车污染物排放限值及测量方法（中国第五阶段）》	2013 年 9 月 17 日	2018 年 1 月 1 日
4	新生产	GB 17691—2018	《重型柴油车污染物排放限值及测量方法（中国第六阶段）》	2018 年 6 月 22 日	2019 年 7 月 1 日
5	新生产	GB 14762—2008	《重型车用汽油发动机与汽车排气污染物排放限值及测量方法（中国Ⅲ、Ⅳ阶段）》	2008 年 4 月 2 日	2009 年 7 月 1 日
6	新生产	HJ 1137—2020	《甲醇燃料汽车非常规污染物排放测量方法》	2020 年 11 月 10 日	2020 年 11 月 10 日
7	新生产	GB 20890—2007	《重型汽车排气污染物排放控制系统耐久性要求及试验方法》	2007 年 4 月 3 日	2007 年 10 月 1 日
8	新生产	GB 17691—2005	《车用压燃式、气体燃料点燃式发动机与汽车排气污染物排放限值及测量方法（中国Ⅲ、Ⅳ、Ⅴ阶段）》	2005 年 5 月 30 日	2007 年 1 月 1 日
9	新生产	GB 11340—2005	《装用点燃式发动机重型汽车曲轴箱污染物排放限值及测量方法》	2005 年 4 月 15 日	2005 年 7 月 1 日
10	新生产	GB 14763—2005	《装用点燃式发动机重型汽车燃油蒸发污染物排放限值及测量方法（收集法）》	2005 年 4 月 15 日	2005 年 7 月 1 日
11	新生产	HJ 857—2017	《重型柴油车、气体燃料车排气污染物车载测量方法及技术要求》	2017 年 9 月 19 日	2017 年 10 月 1 日

序号	标准类别	编号	标准名称	标准发布时间	标准实施时间
12	新生产	HJ 439—2008	《车用压燃式、气体燃料点燃式发动机与汽车在用符合性技术要求》	2008 年 6 月 24 日	2008 年 7 月 1 日
13	新生产	GB 19756—2005	《三轮汽车和低速货车用柴油机排气污染物排放限值及测量方法（中国 I、II 阶段）》	2005 年 5 月 30 日	2006 年 1 月 1 日
14	新生产	GB 14622—2016	《摩托车污染物排放限值及测量方法（中国第四阶段）》	2016 年 8 月 22 日	2018 年 7 月 1 日
15	新生产	GB 18176—2016	《轻便摩托车污染物排放限值及测量方法（中国第四阶段）》	2016 年 8 月 22 日	2018 年 7 月 1 日
16	新生产	GB 20891—2014	《非道路移动机械用柴油机排气污染物排放限值及测量方法（中国第三、四阶段）》	2014 年 5 月 16 日	2014 年 10 月 1 日
17	新生产	GB 26133—2010	《非道路移动机械用小型点燃式发动机排气污染物排放限值与测量方法（中国第一、二阶段）》	2010 年 12 月 30 日	2011 年 3 月 1 日
18	新生产	HJ 1014—2020	《非道路柴油移动机械污染物排放控制技术要求》	2020 年 12 月 28 日	2020 年 12 月 28 日
19	新生产	GB 15097—2016	《船舶发动机排气污染物排放限值及测量方法（中国第一、二阶段）》	2016 年 8 月 22 日	2018 年 7 月 1 日
20	在用	GB 3847—2018	《柴油车污染物排放限值及测量方法（自由加速法及加载减速法）》	2018 年 9 月 27 日	2019 年 5 月 1 日
21	在用	GB 18285—2018	《汽油车污染物排放限值及测量方法（双怠速法及简易工况法）》	2018 年 9 月 27 日	2019 年 5 月 1 日
22	在用	HJ 845—2017	《在用柴油车排气污染物测量方法及技术要求（遥感检测法）》	2017 年 7 月 27 日	2017 年 7 月 27 日
23	在用	GB 18322—2002	《农用运输车自由加速烟度排放限值及测量方法》	2002 年 1 月 4 日	2002 年 7 月 1 日
24	在用	GB 14621—2011	《摩托车和轻便摩托车排气污染物排放限值及测量方法（双怠速法）》	2011 年 5 月 12 日	2011 年 10 月 1 日
25	在用	GB 19758—2005	《摩托车和轻便摩托车排气烟度排放限值及测量方法》	2005 年 5 月 30 日	2005 年 7 月 1 日
26	在用	GB 36886—2018	《非道路移动柴油机械排气烟度限值及测量方法》	2018 年 9 月 27 日	2018 年 12 月 1 日
27	加油站	GB 20952—2020	《加油站大气污染物排放标准》	2020 年 12 月 28 日	2021 年 4 月 1 日
28	油品运输	GB 20951—2020	《油品运输大气污染物排放标准》	2020 年 12 月 28 日	2021 年 4 月 1 日

序号	标准类别	编号	标准名称	标准发布时间	标准实施时间
29	储油库	GB 20950—2020	《储油库大气污染物排放标准》	2020 年 12 月 28 日	2021 年 4 月 1 日
30	配套标准	HJ 1237—2021	《机动车排放定期检验规范》	2021 年 12 月 27 日	2022 年 7 月 1 日
31	配套标准	HJ 1238—2021	《汽车排放定期检验信息采集传输技术规范》	2021 年 12 月 27 日	2022 年 7 月 1 日
32	配套标准	HJ 1239.1—2021	《重型车排放远程监控技术规范　第 1 部分　车载终端》	2021 年 12 月 27 日	2022 年 7 月 1 日
33	配套标准	HJ 1239.2—2021	《重型车排放远程监控技术规范　第 2 部分　企业平台》	2021 年 12 月 27 日	2022 年 7 月 1 日
34	配套标准	HJ 1239.3—2021	《重型车排放远程监控技术规范　第 3 部分　通讯协议及数据格式》	2021 年 12 月 27 日	2022 年 7 月 1 日
35	配套标准	HJ 1228—2021	《国家移动源大气污染物排放标准制订技术导则》	2021 年 12 月 30 日	2022 年 3 月 1 日
36	配套标准	HJ 1322—2023	《非道路移动机械排放远程监控技术规范》	2023 年 12 月 4 日	2024 年 7 月 1 日
37	配套标准	HJ 1350—2024	《机动车环保信息公开技术规范》	2024 年 1 月 17 日	2025 年 1 月 1 日

注：标准统计截至 2024 年 4 月。

主要参考文献

[1] 《国家移动源大气污染物排放标准制订技术导则》（HJ 1228—2021）[S].

[2] 《轻型汽车污染物排放限制及测量方法（中国第六阶段）》（GB 18352.6—2016）[S].

[3] 《重型柴油车污染物排放限值及测量方法（中国第六阶段）》（GB 17691—2018）[S].

[4] 《重型车用汽油发动机与汽车排气污染物排放限值及测量方法（中国Ⅲ、Ⅳ阶段）》（GB 14762—2008）[S].

[5] 《重型车排放远程监控技术规范　第1部分　车载终端》（HJ 1239.1—2021）[S].

[6] 《重型车排放远程监控技术规范　第2部分　企业平台》（HJ 1239.2—2021）[S].

[7] 《重型车排放远程监控技术规范　第3部分　通讯协议及数据格式》（HJ 1239.3—2021）[S].

[8] 《摩托车污染物排放限值及测量方法（中国第四阶段）》（GB 14622—2016）[S].

[9] 《轻便摩托车污染物排放限值及测量方法（中国第四阶段）》（GB 18176—2016）[S].

[10] 《非道路移动机械用柴油机排气污染物排放限值及测量方法（中国第三、四阶段）》（GB 20891—2014）[S].

[11] 《非道路柴油移动机械污染物排放控制技术要求》（HJ 1014—2020）[S].

[12] 《非道路移动机械用小型点燃式发动机排气污染物排放限值与测量方法（中国第一、二阶段）》（GB 26133—2010）[S].

[13] 《船舶发动机排气污染物排放限值及测量方法（中国第一、二阶段）》（GB 15097—2016）[S].

[14] 《汽油车污染物排放限值及测量方法（双怠速法及简易工况法）》（GB 18285—2018）[S].

[15] 《柴油车污染物排放限值及测量方法（自由加速法及加载减速法）》（GB 3847—2018）[S].

[16] 《非道路移动柴油机械排气烟度限值及测量方法》（GB 36886—2018）[S].